安徽电网变压器“一厂一策”运检策略指导手册

国网安徽省电力有限公司电力科学研究院　组编

中国科学技术大学出版社

内 容 简 介

本书汇集了近年来国网安徽省电力有限公司内部变压器本体故障、变压器套管故障、变压器分接开关故障、变压器非电量保护装置故障等典型案例，对变压器类设备不同缺陷故障的应急处置、原因分析、排查整改等相关经验进行了阐述和分析。

本书可为变电运检专业技术人员处置现场缺陷故障提供指导，也可以为专业管理人员在专业管理、应急处置、故障分析等环节管控提供参考。

图书在版编目(CIP)数据

安徽电网变压器"一厂一策"运检策略指导手册/国网安徽省电力有限公司电力科学研究院组编. —合肥：中国科学技术大学出版社，2023.12

ISBN 978-7-312-05798-4

Ⅰ.安… Ⅱ.国… Ⅲ.①电力变压器—运行—手册 ②电力变压器—检修—手册 Ⅳ.TM41-62

中国国家版本馆 CIP 数据核字(2023)第 201950 号

安徽电网变压器"一厂一策"运检策略指导手册

ANHUI DIANWANG BIANYAQI "YI CHANG YI CE" YUN-JIAN CELÜE ZHIDAO SHOUCE

出版 中国科学技术大学出版社
安徽省合肥市金寨路 96 号，230026
http://press.ustc.edu.cn
https://zgkxjsdxcbs.tmall.com

印刷 合肥市宏基印刷有限公司

发行 中国科学技术大学出版社

开本 710 mm×1000 mm 1/16

印张 8.5

字数 168 千

版次 2023 年 12 月第 1 版

印次 2023 年 12 月第 1 次印刷

定价 65.00 元

组委会

编委会

前言

总结安徽电网近十年变压器设备故障缺陷情况，我们发现其故障缺陷主要集中于变压器本体、套管、分接开关以及非电量保护装置等部位，呈现跨供应商共性问题和不同供应商个性问题并发的特点。现行变压器运检管理策略主要依据国网十八项反措、变电运检管理规定细则以及设备状态检修试验规程等文件执行，是适用于国网公司系统变压器设备运检的通用技术措施，缺少根据安徽电网变压器设备特点制定的专用运检策略。

为提升设备本质安全，实现设备从被动维修管理向主动精益管理的转变，本书从变压器本体、套管、分接开关以及非电量保护装置等问题多发部件运检工作出发，提炼出安徽电网 33 家主流供应商产品差异化运检策略 335 条，其中共性策略 48 条，个性化策略 287 条。相较于现行运检标准，变压器“一厂一策”运检策略呈现两个显著特点：一是针对变压器主体结构及组附件提出针对性强、可执行度高的管理要求，明确预防典型故障缺陷的共性运检措施；二是根据不同供应商因差异化的结构设计、工艺水准等问题带来的特征案例提出个性化运检措施。

本书旨在帮助各级变压器管理、技术、技能人员在专业管理、异常处置和专业培训中高效便捷地获取安徽电网主流供应商设备特点参考和运检技术措施指导，实现标准化、规范化、精益化开展变压器设备运检工作的目的。

本书的编写得到了国网安徽省电力有限公司有关领导、部门以及各单位的大力支持。鉴于时间所限，书中难免存有不妥之处，恳请广大读者批评指正。

编　者

2023 年 10 月

目　录

第一章　变压器共性运检策略

第一节　本　　体

针对变压器本体的重要状态量、异常情况等提出以下针对性运检策略。

一、运维策略

1. 重要状态量

(1) 铁心、夹件:按照规程定期开展铁心、夹件接地电流测试,当运行中环流异常增大时,应尽快查明原因,注意接地电流与负荷的关系,严重时应采取措施及时处理。

(2) 油位:巡视中应重点关注变压器油位,注意检查油位指示是否符合油温油位标准曲线的要求。如检查发现主变油位偏低,应对主变本体及散热片、油色谱在线监测装置、排油充氮灭火装置外接管路等部位进行重点检查,必要时掀开事故油池盖板详细检查,特别注意变压器冷却器潜油泵负压区发生渗漏油应切换停运冷却器组,及时开展封堵处理。

(3) 阀门及密封件:巡视中应重点关注变压器的阀门、密封件的密封情况,如发现渗漏,应重点检查阀门关闭可靠性、螺丝紧固性、高度一致性、密封件居中度、受力均衡度及完整度,渗漏油严重时应及时报缺处理。

2. 带电检测

红外测温:严格按照规程开展红外测温;新建、改扩建或大修后的变压器,应在投运带负荷不超过 1 周(但至少在 24 h 以后)时进行一次精确检测;在迎峰度夏(冬)、大负荷、检修结束送电期间增加检测频次。

3. 异常情况

(1) 内部异响:首次发现变压器内部异响,应立即离线取油,如安装有油色谱在线监测装置应立即手动启动测试,并开展近期离在线油色谱数据比对分析。同时,应注意观察气体继电器内气体变化以及冷却系统运行情况,进一步检查,如发现异常应立即停电处理。

(2) 外部短路：强化变压器及三侧设备巡视，避免发生外部短路。做好变压器近区及出口短路记录，包括短路波形、短路电流、短路时长等信息，注意短路累积效应信息收集。

二、检修策略

1. 重要状态量

(1) 铁心、夹件：结合主变停电开展铁心对地、夹件对地、铁心对夹件绝缘电阻测试(绝缘电阻应不小于 100 MΩ)。当绝缘电阻值偏小，使用绝缘电阻表测试不出结果时，可使用万用表测量阻值。

(2) 绝缘油：应按照规程定期开展绝缘油试验，首次检出乙炔气体或者乙烯气体增长较快时，应结合设备运行工况展开分析，并进行油色谱跟踪。对异常油色谱数据开展特征气体、三比值、气体增长率等多维度分析，进一步结合带电检测、在线监测及停电试验等数据综合分析产气原因，制定后续处置措施。

(3) 本体密封：所有经过拆装的部位，已用过的密封垫(圈)不得重复使用，应更换新密封垫(圈)。密封垫(圈)应为耐油材质，安装位置应准确，其搭接处的厚度应与其原厚度相同，橡胶密封垫压缩量不宜超过其厚度的 1/3，优先选用"凹面+平面"法兰对接面。

(4) 反措检查：变压器投运前应加强气体继电器、油流速动继电器、温度计、油位计等非电量保护装置以及二次回路电缆线防雨措施检查，关注防雨罩安装固定是否牢固可靠，温度计传感器(温包处)必须有防雨措施且固定牢固，二次回路电缆应采取波纹管等保护措施，二次电缆线波纹管的两端应做好防雨封堵、最低处应开滴水孔。

2. 异常情况

(1) 外部短路：变压器发生出口或近区短路后，应核实短路电流峰值和有效值以及持续时间。变压器受到近区短路冲击未跳闸时，应立即进行油中溶解气体组分分析，并加强跟踪，同时注意油中溶解气体组分数据的变化趋势，若发现异常，应进行局部放电带电检测，必要时安排停电检查。变压器受到近区短路冲击跳闸后，应开展油中溶解气体组分分析，直流电阻、变比、低电压短路阻抗测试，频响法绕组变形及其他诊断性试验，综合判断无异常后方可投入运行。根据变压器抗短路能力校核情况，结合当地短路电流水平和设备的实际情况有选择性地采取完善绝缘化措施、加装中性点小电抗、限流电抗器、中压侧分裂运行、返厂改造等措施，合理调整 220 kV 变压器中性点接地方式，降低抗短路能力相对不足变压器的单相接地短路电流水平。

(2) 螺栓发热：对于因变压器漏磁导致螺栓过热故障，可采用不锈钢螺栓、利用铁板或硅钢片上下短接螺栓等措施进行处理。

第二节　套　　管

针对变压器套管的重要状态量、异常情况等提出以下针对性运检策略。

一、运维策略

1. 重要状态量

(1) 套管油位:巡视应检查并记录套管油位,发现油位异常应进行红外精确测温,确认套管油位;当套管渗漏油或破裂,应立即处理,防止内部受潮损坏。

(2) 套管末屏:巡视中应注意观察套管末屏是否存在渗漏油、放电现象或声音,如发现异常应及时分析处置。

2. 带电检测

红外测温:严格按照规程开展红外测温,重点针对变压器套管桩头和末屏进行精确测温,注意三相套管相同位置温度对比;对于变压器套管桩头和末屏发热异常需查明原因,提前制订处理方案。

二、检修策略

重点检修部位如下:

(1) 套管末屏:拆接末屏后应检查末屏接地状况,对结构不合理的套管末屏接地端子应进行改造。在变压器投运时和运行中开展套管末屏的红外检测,注意三相套管温度对比。当末屏绝缘异常时,应同步开展末屏介损及电容量试验,综合判断末屏绝缘状况。

(2) 套管密封:做好套管油位记录,定期拍照留存,发现油位异常时可通过红外精确测温辅助判断。结合停电检修,对变压器套管上部注油孔和底部法兰的密封状况进行检查,发现异常时应及时处理。

(3) 套管线夹:在基建阶段对抱箍线夹材质开展金属技术监督,含铜量应不低于80%。结合停电计划,对在运变压器套管抱箍线夹进行金属检测,对不满足要求的线夹应进行更换。

第三节　分 接 开 关

针对变压器分接开关的重要状态量、异常情况等提出了以下运检策略。

一、运维策略

1. 巡视检查

巡视检查中，应对照油温-油位曲线，充分运用红外测温等技术手段，检查有载开关油位、呼吸系统是否正常；分接位置指示是否正确（操作机构中分接位置指示、自动控制装置分接位置显示、远方分接位置指示应一致，三相分接位置指示应一致）。

2. 故障类型

报警处理：真空有载分接开关轻瓦斯报警后应暂停调压操作，并对气体和绝缘油进行色谱分析，根据分析结果确定恢复调压操作或进行检修。

二、检修策略

1. 技术要求

（1）维修周期：有载分接开关的检修周期应参照厂家规定执行，如厂家无明确要求，当分接开关动作达到 10000 次或者运行时间达到 6 年，应开展吊芯检查和清洗换油。

（2）吊芯操作：有载分接开关吊芯检查后，应用手柄同方向操作 3 个分接位置（此时应不安装顶盖），确保切换开关芯体安装到位。

（3）绝缘油处理：在有载分接开关清洗换油时，应将绝缘筒中的残油清理干净，并注意对排油、注油管道和有载开关油枕进行冲洗，确保检修后的绝缘油油质合格。吊芯检查完毕后，需确认油位满足要求、管道连接处密封良好、呼吸器呼吸正常、绝缘油油化试验合格等。

2. 异常情况

油位异常：当有载开关油位指示异常时，若无明显渗漏油情况，则需对主变本体开展油色谱分析，判断有载开关是否存在密封不良内渗。持续加强跟踪观察有载开关油位和开展本体油色谱分析，根据情况结合停电措施对其进行吊芯检查处理。

第四节　非电量保护装置

针对变压器非电量保护装置的检修维护等提出了以下运检策略。

一、运维策略

(1) 巡视检查:加强气体继电器防雨、防潮、防振动措施以及渗漏油情况巡视和维护,防止由于外部环境原因造成重瓦斯保护不正确动作。户外布置变压器的气体继电器应加装防雨罩,并加强与其相连的二次电缆结合部的防雨措施,气体继电器接线盒电缆引出孔应封堵严密,出口电缆应设防水弯,电缆外护套最低点应开排水孔。

(2) 改投信号:运行中的变压器进行以下工作时,应将重瓦斯保护改投信号,工作完毕后注意恢复:① 补油、换潜油泵、油路检修及气体继电器探针检测等工作时;② 冷却器油回路、通向储油柜的各阀门由关闭位置旋转至开启位置时;③ 油位计油面异常升高或呼吸系统有异常需要打开放油或放气阀门时;④ 变压器运行中,将气体继电器集气室的气体排出时;⑤ 需更换硅胶、吸湿器,而无法判定变压器是否正常呼吸时;⑥ 油色谱在线监测装置回油阀由关闭位置转为打开位置时。

二、检修策略

(1) 定期校验:气体继电器应定期校验,对于运行超过 10 年的 220 kV 及以上变压器,应结合停电安排一次本体和有载开关气体继电器校验。对于 110 kV 变压器,应结合解体性检修或有载开关吊芯检修进行本体和有载开关气体继电器校验。

(2) 回路检查:应结合变压器停电例行试验,强化气体继电器及其二次回路检修。检修项目如下:① 二次回路绝缘测试,在保护屏柜内,使用 1000 V 兆欧表测量气体继电器二次电缆每芯对地及其他各芯间的绝缘电阻,其绝缘电阻应大于 1 MΩ;② 外观检查,继电器壳体表面光洁、无锈蚀、玻璃窗刻度清晰,放气阀和探针等应完好,视窗内应无气体(真空灭弧有载开关)、无脏污、无油泥;③ 打开二次接线盒,重点检查内部受潮情况及端子接线是否牢固;④ 在气体继电器二次接线盒内,使用 2500 V 兆欧表测量气体继电器触点间及全部引出端子对地的绝缘,其绝缘电阻应大于 10 MΩ。

(3) 设备选型:油灭弧有载分接开关应选用油流速动继电器,不应采用具有轻瓦斯报警功能的气体继电器；真空灭弧有载分接开关应选用具有油流速动、轻瓦斯报警功能的气体继电器，轻瓦斯告警功能应接入后台。

（4）设备启动：强油循环结构的潜油泵启动应逐台启用，延时间隔应在 30 s 以上，以防止气体继电器误动。对于早期采用 ODAF 冷却方式的 220 kV 变压器，冷却装置改造后，投运前应多次手动启用油泵，不应出现气体继电器误动。

（5）取样要求：对运行中的有载开关进行取油样工作时，开启取油样的阀门动作应轻柔、缓慢，不宜过猛。如有条件建议将有载开关气体继电器的保护改投信号。

第五节　储　油　柜

针对变压器储油柜的运维检修等提出了以下运检策略。

一、运维策略

1. 设备部件

（1）选型要求：在设联会阶段明确不得采用外油卧式波纹管储油柜，500 kV 及以上变压器优先选用传统胶囊式储油柜。

（2）状态评估：对运行年限超过 15 年的储油柜胶囊和隔膜应结合停电充气检查，如有破裂应及时更换。

2. 巡视检查

（1）油位检查：加强对储油柜的巡视，建立“油温-油位-时间”台账；观察储油柜油位指示是否随油温变化而变化。夏季高温大负荷期间或冬季停运期间应注意储油柜油位指示，以防止出现满油或缺油问题。

（2）红外检查：加强设备的红外测温检查，注意三相胶囊油面轮廓的对比。

二、检修策略

（1）排空检查：主变大修后重新给储油柜注油时，必须按规程要求操作，特别注意排净储油柜内的气体，防止产生假油位。

（2）加装吸湿器：对于外油式储油柜，必须确保运行过程中呼吸口处于常开状态，并在呼吸口加装吸湿器。

（3）免维护呼吸器改造：应加强免维护呼吸器改造前后同油温下的油位比对，防止免维护呼吸器异常工作导致主变油位出现异常。

(4) 喷油检查:当储油柜的吸湿器处出现大量喷油的现象时,应立即停电进行储油柜胶囊的状态检查,如发现有胶囊破裂的情况应给予更换。

第六节　排油注氮装置

针对排油注氮装置的检修和巡视等内容提出了以下运检策略。

一、运维策略

(1) 定期检查:定期检查所有密封是否良好,事故排油阀是否有漏油现象。

(2) 定期排查:定期排查排油阀位置是否正确,排油摆杆应与地面平行(排油后摆杆与地面垂直);检查高压氮气贮存钢瓶压力是否稳定,氮气瓶压力是否在 8～15 MPa 范围内。

二、检修策略

(1) 定期检查:结合主变停电进行检修,检查火灾探测器接线盒及出线口是否密封完好,易熔件是否完好,信号核对是否正常;断流阀开启、关闭位置检查,进行信号核对。

(2) 定期核对:核对主变重瓦斯接入信号、主变压力释放器接入信号、主变高中低压测断路器位置信号是否正常。

第七节　在线监测装置

针对油色谱在线监测装置的检修、校验和维护等内容提出了以下运检策略。

一、运维策略

(1) 每日检查:每日应查看监测数据是否正常,是否有告警信息,必要时现场取油样进行离线数据对比分析。如发现装置断线或其他异常情况,应及时查明原因进行处理。

(2) 巡视要求:巡视中检查装置柜体有无异常、异味、渗漏油情形;检查装置与主变连接的油路及柜体是否渗漏油，是否存在外力变形；装置内气瓶压力是否满足要求。

二、检修策略

(1) 检修维护：在线监测装置在进行油路、气路维修等工作前，应先关闭进油和回油阀门；检修完成后应进行回油状况检查，确认回油油路无气泡后方可进行恢复。

(2) 载气检查：对于使用瓶装载气的在线监测装置，应定期检查和更换载气。更换载气前，应先断开装置电源；更换载气后，应确保气瓶完全打开(按照气瓶阀门打开方向拧到头)，测试气路密封性(如使用泡沫液测试无异常气泡)。

(3) 定期比对校验：应定期完成在线监测装置现场比对校验，可根据装置运行的年限以及误报漏报率适当缩短校验。装置现场校准后，在恢复与主变油路连接前，应用本体油清洗与主变本体连接的油路并确保油路的密封性；接回油管路时，应将主变本体重瓦斯保护由跳闸改投信号，接好后尽快恢复。

第二章　变压器个性运检策略

综合安徽电网主流变压器供应商典型故障缺陷案例以及设备运行情况，针对变压器本体、套管、分接开关、非电量保护装置和储油柜等主要部件从入网把关、工艺管控、运行维护和检修试验等维度提出 287 项个性化运检策略，详见表 2.1。

表 2.1 变压器个性化运检策略

序号	电压等级	部件	厂家	型号	生产年份	隐患	运维策略	检修策略
1	1000 kV	本体	西安西电变压器有限责任公司	ODFPSZ-1000000/1000	2013	主变套管升高座流变二次接线盒绝缘板渗漏油	(1) 运行巡视应关注变压器(高抗)渗油部位、渗油速度及变压器(高抗)油位。 (2) 加强对套管升高座的巡视检查	(1) 用于油路密封的密封垫应仔细核查其合格证、试验报告,抽检进行材质分析,确保为耐油材质。 (2) 重视变压器升高座流变二次接线盒的选择,对变压器厂推荐的厂商要进一步把关,优先选用技术成熟、运行业绩突出的厂商
2	1000 kV	本体	西安西电变压器有限责任公司	ODFPSZ-1000000/1000	2013	主变铁心、夹件绝缘电阻偏低	(1) 运行过程中应定期开展变压器铁心、夹件接地电流测试。 (2) 当接地电流超过 300 mA 时应引起注意,缩短测试周期,同步开展油色谱分析,结合变压器负荷变化情况综合判断缺陷类型。对于厂家接地电流有特殊说明的,现场按照厂家规定进行,并将此内容在现场规程中注明	(1) 停电试验应分别测量铁心对地、夹件对地、铁心对夹件之间的绝缘电阻。发现异常时,可施加不同量程试验电压或用万用表进行复测。 (2) 若发现铁心、夹件接地电流超标而又不能及时停电处理,可采取串接限流电阻的临时措施,并加强油色谱跟踪

续表

序号	电压等级	部件	厂家	型号	生产年份	隐患	运维策略	检修策略
3	1000 kV	本体	西安西电变压器有限责任公司	BKDF-240000/1000	2015	高压电抗器铁心、夹件绝缘电阻偏低	(1) 运行过程中应定期开展变压器铁心、夹件接地电流测试。 (2) 当接地电流超过 300 mA 时应引起注意,缩短测试周期,同步开展油色谱分析。对于厂家接地电流有特殊说明的,现场按照厂家规定进行,并将此内容在现场规程中注明	(1) 停电试验应分别测量铁心对地、夹件对地、铁心对夹件之间的绝缘电阻。发现异常时,可施加不同量程试验电压或用万用表进行复测。 (2) 若发现铁心、夹件接地电流超标而又不能及时停电处理,可采取串接限流电阻的临时措施,并加强油色谱跟踪
4	1000 kV	本体	西安西电变压器有限责任公司	BKD-240000/1100	2012	磁分路紧固螺栓屏蔽帽掉落导致油中乙炔含量异常	强化运行巡视与在线监测工作,及时统计分析油色谱数据,严格按周期开展油色谱离线分析并与在线监测结果进行比对	定期开展油色谱、铁心和夹件接地电流、红外测温、高频局放和超声局放专项检测,注意各试验结果变化趋势,准确掌握设备运行状态
5	1000 kV	本体	西安西电变压器有限责任公司	BKDF-240000/1000	2013	高压电抗器磁分路屏蔽管与磁分路夹件接触不良	(1) 加强运行巡视与在线监测工作,及时统计分析油色谱数据,严格按周期开展油色谱离线分析并与在线监测结果进行比对。 (2) 西电高抗早期双柱结构产品,疑似存在家族缺陷,对于运行中乙炔含量缓慢增长的高抗,应适时安排返	定期开展油色谱、铁心和夹件接地电流、红外测温、高频局放和超声局放专项检测,注意各试验结果变化趋势,准确掌握设备运行状态

续表

序号	电压等级	部件	厂家	型号	生产年份	隐患	运维策略	检修策略
							厂检查和修理；如有乙炔含量突增情况，应严格按照国网公司最新管理规定妥善处置	
6	1000 kV	本体	保定天威保变电气股份有限公司	ODFPS-1000000/1000	2012	主变铁心、夹件绝缘电阻偏低	(1) 运行过程中应定期开展变压器铁心、夹件接地电流测试。 (2) 当接地电流超过 300 mA 时应引起注意，缩短测试周期，同步开展油色谱分析，结合变压器负荷变化情况综合判断缺陷类型。对于厂家接地电流有特殊说明的，现场按照厂家规定进行，并将此内容在现场规程中注明	(1) 停电试验应分别测量铁心对地、夹件对地、铁心对夹件之间的绝缘电阻。发现异常时，可施加不同量程试验电压或用万用表进行复测。 (2) 若发现铁心、夹件接地电流超标而又不能及时停电处理，可采取串接限流电阻的临时措施，并加强油色谱跟踪
7	500 kV	本体	特变电工衡阳变压器有限公司	ODFS-250000/50	2009	主变升高座绝缘隔板未安装	(1) 严格按照国网公司、省公司有关规程规范要求，加强设备安装过程管控，强化交接验收质量，确保设备零缺陷投运。 (2) 做好主变安装隐蔽工程验收，关键部位拍照留存。 (3) 做好运行巡视与在线监测装置油色谱数据分析工作，及时统计分析油色谱数据	定期对绝缘油进行现场取样监测比对，对于乙炔含量异常的主变及时开展离线油色谱分析，必要时停电检修

续表

序号	电压等级	部件	厂家	型号	生产年份	隐患	运维策略	检修策略
8	500 kV	本体	山东电力设备有限公司	ODFS-334000/500	2018	免维护呼吸器堵塞	(1) 严格按照国网公司、省公司有关规程规范要求,加强设备安装过程管控,强化交接验收质量,安装过程中应检查呼吸器上口塑料塞是否拆除,应留有记录,必要时拍照留存。 (2) 运行过程中及时巡视主变免维护呼吸器工作情况,对于呼吸异常的变压器应及时汇报。 (3) 今后免维护呼吸器改造后,应加强改造前后同油温下油位比对	(1) 发现免维护呼吸器呼吸异常时,主变未停电时,可拆除呼吸器(必要时申请停用重瓦斯跳闸,改投信号),观察主变油枕是否正常呼吸。 (2) 检查免维护呼吸器上口的塑料塞是否拆除。 (3) 检查免维护呼吸器是否损坏,损坏应及时更换
9	220 kV	本体	ABB配电变压器(合肥)有限公司	0FSPSZ9-150000/220	2003	调压绕组引线焊接、制作有瑕疵	(1) 加强变压器三侧设备巡视,加强变电站周边环境治理,完善主变中低压绝缘化改造,主变中低侧出口采用电缆连接时,应采用单芯电缆,运行中的三相统包电缆应进行逐步改造,避免主变近区短路故障。	(1) 变压器受到近区短路冲击跳闸后,应开展油中溶解气体组分分析、直流电阻、变比、低电压短路阻抗、绕组变形及其他诊断性试验,综合判断无异常后方可投入运行,否则应停电检查。

续表

序号	电压等级	部件	厂家	型号	生产年份	隐患	运维策略	检修策略
							(2) 做好变压器近区及出口短路记录，包括短路波形、短路电流、短路时长等信息，注意短路累积效应信息收集。 (3) 加强红外测温，并进行比对分析，及时发现主变内部异常。 (4) 重点检查变压器有无喷油、漏油等，检查气体继电器内部有无气体积聚，检查油色谱在线监测装置数据，检查变压器本体油温、油位变化情况	(2) 定期开关主变抗短路能力校核工作，首台套主变应开展突发短路试验。根据校核情况，结合当地短路电流水平和设备的实际情况有选择性地采取完善绝缘化措施、加装中性点小电抗、限流电抗器、中压侧分裂运行、返厂改造等措施，合理调整 220 kV 变压器中性点接地方式，降低抗短路能力相对不足变压器的单相接地短路电流水平
10	220 kV	本体	ABB配电变压器（合肥）有限公司	OSFSZ9-240000/230	2010	油中铜离子含量偏高	(1) 加强巡视，检查主变声响变化情况，及时关注油色谱在线监测的数值变化。 (2) 定期进行铁心、夹件接地电流测量，与历史数值比较变化情况	针对同一批次的产品，应结合主变停电，加强绝缘电阻测试结果比对，若有异常，应对绝缘油取样分析，重点关注油中铜离子浓度、油介损和体积电阻率、绝缘油体积电阻率、油介损变化情况

续表

序号	电压等级	部件	厂家	型号	生产年份	隐患	运维策略	检修策略
11	220 kV	本体	ABB配电变压器（合肥）有限公司	OSFSZ9-150000/220	2003	主变夹件多点接地	（1）按照规程定期开展铁心、夹件接地电流测试；若安装有铁心、夹件接地电流在线监测装置，还应及时关注铁心、夹件接地电流数值变化。 （2）当接地电流超过 100 mA 时应引起注意，缩短测试周期，注意接地电流与负荷的关系；当怀疑有铁心多点间歇性接地时可辅以在线检测装置进行连续检测，对于厂家有特殊说明的，现场按照厂家规定进行，并将此内容在现场规程中注明；同步开展油色谱分析，严重时应采取措施及时处理	（1）停电试验应分别测量铁心对地、夹件对地、铁心对夹件之间的绝缘电阻；发现异常时，可施加不同量程试验电压或用万用表进行复测。 （2）若发现铁心、夹件接地电流超标而又不能及时停电处理，可采取串接限流电阻的临时措施，并加强油色谱跟踪
12	220 kV	本体	ABB配电变压器（合肥）有限公司	FPS9-120000/220	1996	套管引出线与导电杆接触不良发热	（1）及时关注油色谱在线监测的数值变化，当发现色谱异常时，应立即取油样进行分析比对，并进行油色谱跟踪。 （2）加强对主变套管三相红外测温检测比对，当套管温度异常时，可结合历年的直流电阻测试数据进行分析判断	（1）结合主变停电试验，加强直阻试验数据比对判断，结合历年的直流电阻测试数据进行分析比较，有微小变化应复测核实确认。 （2）按照规程定期开展绝缘油试验，注意乙炔、氢气或者总烃含量变化趋势。对异常油色谱数据开展特征气体、三比值、气体增长率等分析，当故障类型判断为高温过热时，可结合红外测温进行综合判断

续表

序号	电压等级	部件	厂家	型号	生产年份	隐患	运维策略	检修策略
13	220 kV	本体	ABB配电变压器（合肥）有限公司	OSSZ-180000/220	2011	主变温包护套冻裂漏油	（1）加强恶劣天气、特殊工况下主变特巡工作（包含停运主变），着重对充油设备渗漏油、外观及本体油枕油位情况进行检查。 （2）在设备采购阶段，建议增加温度计温包的防雨措施	（1）结合主变停电检修，对没有防雨措施的温度计温包进行完善改造。 （2）停电检修时应检查传感器温包的密封情况；定期对传感器温包的密封材料进行更换
14	220 kV	本体	山东达驰变压器厂	SFSZ10-180000/220	2008	变压器绕组抗短路能力不足	（1）加强变压器三侧设备巡视，检查母线电压数值、中低压侧开关柜运行情况，避免开关柜内放电引起故障。做好变压器近区及出口短路记录，包括短路波形、短路电流、短路时长等信息，注意短路累积效应信息收集。 （2）加强巡视，及时关注油色谱在线监测的数值变化。当发现色谱异常时，应立即取油样进行分析比对，并进行油色谱跟踪监测	（1）对于2008年左右出厂的山东达驰变压器厂该类型产品重点关注，结合停电开展直流电阻、变比、变压器绕组频响法绕组变形及低电压短路阻抗试验。 （2）对该型号变压器开展抗短路能力校核，根据校核情况，结合当地短路电流水平和设备的实际情况有选择性地采取完善绝缘化措施、加装中性点小电抗、限流电抗器、中压侧分裂运行、返厂改造等措施，合理调整220 kV变压器中性点接地方式，降低抗短路能力相对不足变压器的单相接地短路电流水平

续表

序号	电压等级	部件	厂家	型号	生产年份	隐患	运维策略	检修策略
15	220 kV	本体	山东达驰变压器厂	SFSZ10-180000/220	2009	铁心接地盖板开裂渗油	加强对主变各充油部件进行巡视，对同一批次的产品未改造前，加强渗漏油巡视和油色谱监测	结合停电对同厂相同铁心、夹件引出结构的产品进行改造
16	220 kV	本体	山东电力设备有限公司	SFSZ10-180000/220	2010	引线与分接开关触头连接处接触不良	（1）及时关注油色谱在线监测的数值变化，当发现色谱异常时，应立即取油样进行分析比对，并进行油色谱跟踪监测。 （2）加强红外测温，并进行分析，及时发现主变内部温度异常	主变停电试验时，应加强直流电阻测试和分析，除了查看三相直流电阻不平衡率是否满足规程外，还需关注各档位之间的电阻差值，并结合历史测试数据进行比对
17	220 kV	本体	常州西电变压器有限责任公司	SFSZ11-240000/220	2019	低压绕组制作工艺不良	（1）及时关注油色谱在线监测的数值变化，当发现色谱异常时，应立即取油样进行分析比对，并进行油色谱跟踪监测。 （2）加强红外测温，并进行分析，便于及时发现主变内部温度异常情况。 （3）加强对主变的巡视，关注主变三侧电流、电压的变化情况	（1）加强对同批次该型号变压器油色谱和局部放电等带电检测。 （2）结合停电计划，对同批次该型号变压器开展诊断性试验，重点关注低压绕组直流电阻测量情况

续表

序号	电压等级	部件	厂家	型号	生产年份	隐患	运维策略	检修策略
18	220 kV	本体	浙江三变科技股份有限公司	SFSZ10-180000/220	2009	低压绕组引出线绝缘距离不足	(1) 加强变电站周边环境治理，完善主变中低压绝缘化改造，避免主变近区短路故障。 (2) 及时关注油色谱在线监测的数值变化，当发现色谱异常时，应立即取油样进行分析比对，并进行油色谱跟踪监测。 (3) 加强主变巡视，关注各侧电流、电压变化情况	(1) 主变短路跳闸后，必须开展设备外观检查、故障录波情况检查、油中溶解气体分析、绕组变形分析和常规电气试验分析。 (2) 基于必做试验和检查项目的单项评估结果，若出现以下情况，可根据现场实际情况开展其他诊断性试验或内检评估：一项及以上单项评估结果为存在异常，并确认设备存在严重绕组变形或放电；一项及以上单项评估结果为存在异常或可能存在异常，未明确设备内部出现严重绕组变形或放电。 (3) 设备短路冲击电流在允许短路电流的 90%以上，或必做检查及试验的单项评估结果中，两项及以上为存在异常或可能存在异常，但未明确设备内部出现严重绕组变形或放电，须开展局部放电试验。 (4) 满足以下任一条件，应组织专家讨论确定是否开展排油内检：① 通过

续表

序号	电压等级	部件	厂家	型号	生产年份	隐患	运维策略	检修策略
								外观检查、故障录波、保护动作情况、油色谱、绕组变形等已确认设备内部出现严重的绕组变形或放电，初步判断放电点可能位于引线、分接开关等易于处理部位；② 局部放电试验结果评估为存在异常，含局部放电水平超标、局部放电试验前后及 24 h 后油色谱异常、局部放电试验过程中高频、特高频和超声等检测手段发现异常
19	220 kV	本体	济南变压器厂	SFSZ10-150000/220	2009	线圈未使用自粘换位导线	（1）定期开展主变抗短路能力校核工作，首台套主变应开展突发短路试验。 （2）做好变压器近区及出口短路记录，包括短路波形、短路电流、短路时长等信息，注意短路累积效应。 （3）加强变电站周边环境治理，完善主变中低压绝缘化改造，主变中低侧出口采用电缆连接时，应采用单芯电缆，运行中的三相统包电缆应进行逐步改造，避免主变近区短路故障。	（1）主变短路跳闸后，必须开展设备外观检查、故障录波情况检查、油中溶解气体分析、绕组变形分析、常规电气试验分析。短路冲击电流峰值为允许短路电流峰值的 50% 以上，且同厂家、同批次、同型号产品（指同设计图号，用于抗短路校核参数完全相同的产品）出现过因近区短路损坏的，应严格开展短路后评估工作，分析再次带电的可行性和安全性，规范技术监督和决策处置主体，防止主变“带病”投运，导致进一步故障。

续表

序号	电压等级	部件	厂家	型号	生产年份	隐患	运维策略	检修策略
							(4) 及时关注油色谱在线监测的数值变化，当发现色谱异常时，应立即取油样进行分析比对，并进行油色谱跟踪监测	(2) 济南变压器产品短路后故障率较高，应高度关注。 (3) 当主变短路跳闸后，应按照流程开展检查、试验、评估及处置工作，抓紧建立短路信息档案并提报省公司设备部和电科院。 (4) 加强主变出厂前技术符合性评估，做好关键原材料抽检及质量管控工作
20	220 kV	本体	特变电工沈阳变压器集团有限公司	SSZ-180000/220	2018	变压器箱体内有异物	(1) 加强主变出厂前技术符合性评估，督促供应商标准化工艺落实。 (2) 加强设备安装过程管控，强化交接验收质量，确保设备零缺陷投运。 (3) 定期开展主变本体及有载开关油中溶解气体分析，对于色谱异常者，应尽快缩短油色谱在线监测周期至不超过装置最小检测周期并及时开展离线色谱比对，跟踪主变状态。 (4) 内检送电后应持续开展一周以上主变动态监测。	(1) 对于油中溶解气体分析发现乙炔数值呈快速增加趋势者，应立即停电开展试验及评估工作，通过历史故障情况、绕组变形等确认设备内部情况，初步判断故障类别和区域，由专家组决策是否开展内检工作。 (2) 内检后需要对内检情况、必做检查、试验以及局部放电试验结果(如果开展了局部放电试验)进行分析，并组织专家进行综合评估

续表

序号	电压等级	部件	厂家	型号	生产年份	隐患	运维策略	检修策略
21	220 kV	本体	常州变压器厂	OSFPS8-120000/220	1995	铁心和夹件之间存在异物短路	(1) 运行过程中应定期开展变压器铁心、夹件接地电流测试。结合数据情况综合分析主变状态:① 当变压器铁心接地电流检测结果受环境及检测方法的影响较大时,可通过历次试验结果进行综合比较,根据其变化趋势做出判断;② 数据分析还需综合考虑设备历史运行状况、同类型设备参考数据,同时结合其他带电检测试验结果,如油色谱试验、红外精确测温及高频局部放电检测等手段进行综合分析。 (2) 当接地电流超过 100 mA 时应引起注意,缩短测试周期,当怀疑有铁心多点间歇性接地时可辅以在线检测装置进行连续检测。对于厂家有特殊说明的,现场按照厂家规定进行,并将此内容在现场规程中注明。同时尽快结合停电检查接地情况	(1) 对于油中溶解气体分析发现特征气体数值异常者,应开展色谱复测和铁心电流检测,确定是否停电开展试验及评估工作,通过停电试验初步判断故障类别和区域,采取相应的检修策略。 (2) 对于铁心和夹件之间存在异物短路的情况,可咨询电科院采取电容冲击法尝试修复,如未解决则需内检
22	220 kV	本体	烟台东源变压器有限公司	OSFSZ10-150000/220	2007	升高座流变内部二次接线板断裂	(1) 加强对本体套管升高座二次接线盒的巡视检查、红外测温,重点关注有无渗漏油、异常放电声响。	(1) 针对同厂家变压器应结合停电对升高座流变二次接线板进行检查。 (2) 主变返厂大修后应全面开展易发生渗漏油部件检查(瓷屏底

续表

序号	电压等级	部件	厂家	型号	生产年份	隐患	运维策略	检修策略
							(2) 加强设备验收,对于采用脆性材质的二次接线板建议结合设备检修进行更换改造	座、升高座、温包等处),本体或升高座等充气运输的设备,应安装显示充气压力的表计,卸货前应检查压力表指示是否符合厂家要求,变压器制造厂家应提供运输过程中的气体压力记录;充油运输的本体或升高座设备应检查确认无渗漏现象。 (3) 加强主变返厂或现场大修、检修管理,等同新主变开展启动前交接试验等技术监督工作
23	110 kV	本体	山东达驰变压器厂	SFSZ9-40000/110	2006	主变本体有金属异物	(1) 加强设备到货验收,主变本体运输应安装三维冲击记录仪,三维冲击记录仪就位后方可拆除,卸货前、就位后两个节点应检查三维冲击记录仪的冲击值。 (2) 定期开展主变本体及有载开关油中溶解气体分析,对于色谱异常者,应尽快缩短油色谱在线监测周期至不超过装置最小检测周期,并及时开展离线色谱比对,发现异常应加强关注,必要时组织开展深入分析。	主变本体轻瓦斯告警信号后,应通过集气盒取气开展成分分析并取本体油样开展油色谱分析,同时注意观察气体继电器内气体量是否有增长趋势。综合历史故障情况、带电检测、停电试验等确认设备内部情况,初步判断故障类别和区域,由专家组决策是否开展内检工作

续表

序号	电压等级	部件	厂家	型号	生产年份	隐患	运维策略	检修策略
							(3) 加强设备巡视、带电检测,检查集气盒气体量,进行红外测温,及时发现主变内部异常	
24	110 kV	本体	山东达驰变压器厂	SFSZ9-40000/110	2006	主变本体油位计浮球破损	(1) 加强对主变油位、渗漏油巡视、红外测温,依据油温、油位曲线判断油位指示状态。 (2) 加强对变压器油温、油位、负荷、冷却器运行等情况进行比对,分析变压器油位计指示是否正常	(1) 胶囊在安装前应在现场进行密封试验,如发现有泄漏现象,需对胶囊进行更换。对胶囊式储油柜,需打开胶囊和储油柜的连通阀,真空注油后关闭。胶囊密封式储油柜注油时,打开顶部放气塞,直至冒油时立即旋紧放气塞,再调整油位,以防止出现假油位。 (2) 新投运或开展胶囊大修后应校核油位计刻度。 (3) 运行超过15年的变压器(电抗器)储油柜胶囊应结合停电逐年进行更换
25	110 kV	本体	吴江变压器有限公司	SZ11-50000	2009	变压器绕组抗短路能力不足	(1) 定期开关主变抗短路能力校核工作,首台套主变应开展突发短路试验。 (2) 做好变压器近区及出口短路记录,包括短路波形、短路电流、短路时长等信息,注意短路累积效应。	(1) 主变短路跳闸后,必须开展设备外观检查、故障录波情况检查、油中溶解气体分析、绕组变形分析、常规电气试验分析。

续表

序号	电压等级	部件	厂家	型号	生产年份	隐患	运维策略	检修策略
							(3) 加强变电站周边环境治理,完善主变中低压绝缘化改造,主变中低侧出口采用电缆连接时,应采用单芯电缆,运行中的三相统包电缆应进行逐步改造,避免主变近区短路故障。 (4) 定期开展主变本体及有载开关油中溶解气体分析,对于色谱异常者,应尽快缩短油色谱在线监测周期至不超过装置最小检测周期,并及时开展离线色谱比对,跟踪主变状态	(2) 短路冲击电流峰值为允许短路电流峰值的 50%以上,且同厂家、同批次、同型号产品(指同设计图号,用于抗短路校核参数完全相同的产品)出现过因近区短路损坏的,应严格开展短路后评估工作,分析再次带电的可行性和安全性,规范技术监督和决策处置主体,防止主变"带病"投运,导致进一步故障。 (3) 应按照流程开展检查、试验、评估及处置工作,抓紧建立短路信息档案并提报省公司设备部和电科院,加强关键原材料电磁线材质评估和抗突短能力校核,整体提升新投运主变抗短路能力
26	110 kV	本体	青岛变压器厂	SFSZ8-31500/110	1996	变压器绕组抗短路能力不足	(1) 定期开关主变抗短路能力校核工作,首台套主变应开展突发短路试验。 (2) 做好变压器近区及出口短路记录,包括短路波形、短路电流、短路时长等信息,注意短路累积效应。	(1) 主变短路跳闸后,必须开展设备外观检查、故障录波情况检查、油中溶解气体分析、绕组变形分析、常规电气试验分析。 (2) 短路冲击电流峰值为允许短路电流峰值的 50%以上,且同厂家、同批次、同型号产品(指同设计图号,用于抗短路校核

续表

序号	电压等级	部件	厂家	型号	生产年份	隐患	运维策略	检修策略
							(3) 加强变电站周边环境治理，完善主变中低压绝缘化改造，主变中低侧出口采用电缆连接时，应采用单芯电缆，运行中的三相统包电缆应进行逐步改造，避免主变近区短路故障。 (4) 定期开展主变本体及有载开关油中溶解气体分析，对于色谱异常者，应尽快缩短油色谱在线监测周期至不超过装置最小检测周期并及时开展离线色谱比对，跟踪主变状态	参数完全相同的产品）出现过因近区短路损坏的，应严格开展短路后评估工作，分析再次带电的可行性和安全性，规范技术监督和决策处置主体，防止主变“带病”投运，导致进一步故障。 (3) 应按照流程开展检查、试验、评估及处置工作，抓紧建立短路信息档案并提报省公司设备部和电科院，加强关键原材料电磁线材质评估和抗突短能力校核，整体提升新投运主变抗短路能力
27	110 kV	本体	特变电工沈阳变压器集团有限公司	SFSZ11-63000/110	2010	夹件支板固定螺栓脱落	(1) 加强运行巡视与带电检测工作，要充分利用油色谱在线监测等技术手段。 (2) 对于色谱异常者，应尽快缩短油色谱在线监测周期至不超过装置最小检测周期，并及时开展离线色谱比对，跟踪主变状态	(1) 严格按周期开展变压器油色谱分析，首次出现乙炔或者乙烯含量有明显增长趋势时应及时上报并加强跟踪。 (2) 推进主变技术符合性评估工作，加强供应商产品质量管控水平评估，针对与申报产品直接相关的供货能力、原材料及供方管理、车间环境管理、生产设备与仪器仪表管理、设备改进能力等方面对供应商产品质量管控水平进行评估

续表

序号	电压等级	部件	厂家	型号	生产年份	隐患	运维策略	检修策略
28	1000 kV	套管	意大利P&V公司	ODFPS-1000000/1000	2012	高压套管端子受力变形	(1) 加强运行巡视，尤其是遇到大风天气后，应重点对套管端子进行巡视，检查是否受外力变形、渗漏油等情况。 (2) 在设备验收阶段，建议开展对变电站(高抗)套管类端子受力情况检测，核算变压器(高抗)套管外部引流线(含金具)对套管接线端子作用力，套管接线柱和端子板应采用长期可靠运行的结构型式和材质，检查主变高压侧一次引线的接线形式，避免出现不合理的接线导致高压套管接线端子出现横向异常受力	(1) 对意大利 PV 高压套管开展反措工作，结合停电对套管安装一字板加固装置。 (2) 将变压器高压侧避雷器一次引线从套管一次引线上改接至高压侧跨线上
29	500 kV	套管	英国传奇公司	500HC517	1995	高压套管雨闪	(1) 对于加装硅橡胶伞裙套后设备，应加强检查维护工作，注意粘结面的粘结质量;停电时还应检查粘结面的腐蚀情况。 (2) 在设计、基建阶段，应尽量避免选择符合雨闪事故特征的设备。不仅要注意产品的外绝缘耐污闪要求，而且还要充分考虑伞裙形状等对外绝缘的影响。如果安装高度能满足要求，应尽量避免选择伞裙密集的绝缘子	(1) 结合停电开展变压器套管外观检查并清扫。 (2) 针对英国传奇公司同型号的套管，应结合主变停电，采取加硅橡胶伞裙套等措施，防止污秽闪络。在严重污秽地区运行的套管采用瓷绝缘子外套时应喷涂防污闪涂料，采用空心复合绝缘子外套时可采取加装增爬裙等措施，防止外绝缘闪络

续表

序号	电压等级	部件	厂家	型号	生产年份	隐患	运维策略	检修策略
30	500 kV	套管	西安西电电瓷电器厂	BRDL2W-550/1250-4	2013	套管多次出现油位偏低现象	(1) 运行巡视应检查并记录套管油位情况,定期使用红外测温对其套管表面温度进行记录,加强数据比对分析,及时发现套管油位异常缺陷。 (2) 当套管渗漏油时,应立即处理,防止内部受潮损坏	当发现套管油位低时,应缩短周期重点对其进行红外检测,注意三相套管对比,结合实际情况尽快安排停电处理
31	500 kV	套管	西安西电电瓷电器厂	BRDLW-550/5000-4	2020	套管乙炔超标	(1) 针对此类套管,建议制造厂提高生产工艺,加强管控。同时,建议公司组织专家对该套管进行驻场监造,严把制造工艺质量。 (2) 加强运行巡视与带电检测工作,充分利用红外测温等技术手段,重点关注套管导电杆与将军帽连接处的温度及套管整体精确测温情况。 (3) 加强套管油位巡视,油位变化异常应及时跟踪。 (4) 利用套管末屏监测装置,实时监测套管运行工况,发现数据异常时,及时分析上报,必要时申请停电检修	(1) 新投运套管在试运行后应取套管油样。 (2) 停电试验及检查,重点开展套管相关试验,严禁以绕组连同套管的电容量及介损试验代替套管一次对末屏、末屏对地试验,要确保试验项目齐全、数据准确,并结合停电试验机会,重点检查金属膨胀器顶部螺帽、密封件等部位的密封情况,停电期间应取油样,对于乙炔含量异常应及时更换套管。 (3) 利用停电检修期间加装套管末屏在线监测装置,实时监测套管介损、电容量等数据

续表

序号	电压等级	部件	厂家	型号	生产年份	隐患	运维策略	检修策略
32	500 kV	套管	日本NGK公司	R-C65506-FE	2008	套管注油口缺少密封垫	(1) 运行巡视关注套管油位、带电检测和在线监测数据。若有异常,反馈检修部门等待进一步检查处理,期间运行人员加强跟踪。 (2) 在设备验收阶段,检查套管注油口、取油样口等密封是否良好,密封圈材质是否符合要求	应结合停电检修检查套管上部注油孔是否存在渗漏情况,如打开密封面检查发现密封圈变形、老化,或不满足制造厂家要求时应更换新的密封圈
33	500 kV	套管	ABB配电变压器(合肥)有限公司	GOE1675-1300-2500-0.6 LF 121076-HZ	2018	套管绝缘油乙炔超标	(1) 针对此类套管,建议制造厂提高生产工艺,加强管控。同时,建议公司组织专家对该套管进行驻场监造,严把制造工艺质量。 (2) 加强运行巡视与带电检测工作,要充分利用红外测温等技术手段,重点关注套管导电杆与将军帽连接处温度、套管整体精确测温情况	针对ABB GOE型套管,结合主变停电试验取套管油样进行油色谱检测,对于乙炔超标套管应及时更换

续表

序号	电压等级	部件	厂家	型号	生产年份	隐患	运维策略	检修策略
34	220 kV	套管	ABB配电变压器（合肥）有限公司	GOE1675-1300-2500-0.6 LF 121076-HZ	2018	套管拉杆上部螺丝紧固不到位	（1）加强运行巡视与带电检测工作，充分利用红外测温等技术手段，重点关注套管导电杆与将军帽连接处的温度及套管整体精确测温情况。 （2）严格按照输变电设备状态检修试验规程，开展油浸式电力变压器和电抗器的“油中溶解气体分析”等例行试验项目。若有增长趋势，即使小于注意值，也应缩短试验周期	（1）拉杆式套管内部结构复杂，拉杆紧固时如果拉力不够，投入运行则会酿成事故，现场装配中应严格按照说明书规定进行装配。GOE 套管安装时应严格测量 a、b 值。紧固拉杆具体过程如下：在紧固拉杆上部的螺母时，当力矩达到 10 Nm 时，测量从螺母顶部到螺杆顶部的数值记录为 a，然后再继续旋紧螺母，当力矩在 70～140 Nm 时，测量从螺母顶部到螺杆顶部的数值记录为 b，当 b − a 符合说明书规定的值时，证明拉杆已经符合要求。 （2）结合停电开展主变及套管相关例行试验，重点关注直阻数据
35	220 kV	套管	ABB配电变压器（合肥）有限公司	GOE 1050-750-5000-0.6	2014			
36	220 kV	套管	西安西电变压器有限责任公司	BRDL2-220/630、BRDL2-110/630	1998	套管固定末屏的有机玻璃套开裂	加强运行巡视与带电检测工作，充分利用红外测温等技术手段，重点关注套管头部温度、套管整体精确测温情况，并注意三相套管的温度对比	（1）对同期套管准备相关备品，结合停电对其固定末屏用的有机玻璃套进行更换处理，并重新进行例行试验合格后投入运行。 （2）加强套管末屏接地检测、检修和运行维护，每次拆/接末屏后应检查末屏接地状况，在变压器投运时和运行中开展套管

续表

序号	电压等级	部件	厂家	型号	生产年份	隐患	运维策略	检修策略
								末屏的红外检测。 (3) 对结构不合理的套管末屏接地端子应进行改造
37	110 kV	套管	南京电气(集团)有限责任公司	**BRDLW-**126/630-3	2006	套管炸裂	(1) 加强运行巡视与带电检测工作,充分利用红外测温等技术手段,重点关注套管头部温度、套管整体精确测温情况,并注意三相套管温度对比 (2) 运行巡视应检查并记录套管油位情况,当油位异常时,应进行红外精确测温,确认套管油位	(1) 严格按照输变电设备状态检修试验规程开展套管电容量及介损试验,对试验数据进行分析;严禁以绕组连同套管的电容量及介损试验代替套管一次对末屏、末屏对地试验。 (2) 当套管电容量、介损或红外图谱异常时,可结合套管油色谱分析,进一步判断故障类型。 (3) 当套管渗漏油时,应立即处理,防止内部受潮损坏
38	110 kV	套管	南京电气(集团)有限责任公司	**BRDLW-**126/630-4	2015	套管导电管断裂	严格按照状态检修试验规程开展变压器套管相关试验和检查,当对套管绝缘有怀疑时应开展套管油色谱分析或者使用频域介电谱法诊断套管是否存在受潮	对该套管厂家的问题批次套管(2014年12月1日至2015年3月26日,72.5 kV/630 A/126 kV/630 A)进行排查,建立隐患台账,上报技改、大修计划或结合基建等机会对套管进行更换

续表

序号	电压等级	部件	厂家	型号	生产年份	隐患	运维策略	检修策略
39	110 kV	套管	南京电气(集团)有限责任公司	BRDLW-126/1600-4	2014	套管中间穿缆导管顶部与套管油枕连接处断裂	加强运行巡视与带电检测工作,充分利用红外测温等技术手段,重点关注套管电缆头与将军帽连接处发热、套管整体精确测温情况	对同型号套管,特别是同批次套管进行排查,建立隐患台账,进行项目储备;利用技改、大修或基建项目等对套管进行更换
40	110 kV	套管	南京电气(集团)有限责任公司	BRDLW-126/630-4	2006	套管末屏接地保护帽内锈蚀严重	加强套管末屏接地检测、检修和运行维护,在变压器(高抗)投运时和运行中定期采用红外成像仪检测套管末屏接地状况,并保存图谱做好记录,便于历史数据比对分析,当相间温差大于 3K 时应结合主设备油温情况做进一步检查分析	在同样末屏结构的主变停电时,应检查套管末屏有无松动,确保接地保护帽内的垫片弹簧有弹力,套管末屏有无受潮和锈蚀,或对套管的接地形式进行改造
41	110 kV	套管	南京电气(集团)有限责任公司	BRDW-110/630-3	2001	套管受潮绝缘故障	(1) 严格按照状态检修试验规程开展变压器套管相关试验和检查,当对套管绝缘有怀疑时应开展套管油色谱分析或者使用频域介电谱法诊断套管是否存在受潮。 (2) 运行巡视应检查并记录套管油位情况,定期使用红外测温对其套管表面温度进行记录,加强数据比对分析,及时发现套管油位异常缺陷	(1) 针对检测发现已受潮老化的套管进行更换。 (2) 结合停电检修,对变压器套管上部注油孔的密封状况进行检查,发现异常时应及时处理。防止因套管密封胶垫老化或密封不严等造成的套管进水引发的事故。 (3) 在正常运行维护时,要着重防止套管内部受潮和绝缘事故的发生。对渗漏油的套管应及时进行处理,防止内部受潮损坏

续表

序号	电压等级	部件	厂家	型号	生产年份	隐患	运维策略	检修策略
42	110 kV	套管	南京电气（集团）有限公司	BRLW-110/1250	2004	套管导电杆与主变引出线焊接工艺不良	加强运行巡视与带电检测工作，充分利用红外测温等技术手段，重点关注套管桩头连接处发热及套管整体精确测温情况	发现主变套管异常发热现象后应及时安排停电试验及检查
43	35kV	套管	南京电气（集团）有限公司	BW-24/6000-4	2013	套管法兰漏油	加强设备巡视，注意检查低压套管法兰是否有渗漏油，发现异常应及时进行处理	结合停电计划，注意检查套管法兰胶装处是否存在渗漏油，发现异常应及时进行套管更换
44	110 kV	套管	上海MWB互感器有限公司	COT500-800	2004	套管内部放电故障	建议高压油浸式套管加强油色谱分析检测试验，结合主变停电试验开展油色谱检测工作，同时取油后确保密封性完好	（1）结合技改、大修或基建项目等机会对MWB套管进行更换。 （2）对于短时间内无法完成更换的套管安排停电试验及检查，重点开展套管相关试验，确保试验项目齐全、数据准确，对于试验或者检查结果异常的套管应立即更换。 （3）结合停电检修，对变压器套管上部注油孔的密封状况进行检查，发现异常时应及时处理。防止因套管密封胶垫老化或密封不严等造成的套管进水引发的事故

续表

序号	电压等级	部件	厂家	型号	生产年份	隐患	运维策略	检修策略
45	110 kV	套管	西安爱博电气有限公司	BRDL2-220/630	2008	末屏悬浮电位放电	加强开展运行巡视工作，对发现的设备的任何轻微异响均不应放过	(1) 对西安爱博电气有限公司生产的套管及相同末屏接地结构的套管开展红外精确测温和特巡，检查有无异常温升或放电声响。发现异常立即安排停电处理。 (2) 结合主变停电计划，加强套管末屏接地检查。每次拆接末屏后应使用万用表检查末屏接地状况（在可检查情况下）。 (3) 对存在引出端子结构不合理、截面偏小、强度不够等问题的末屏，应逐步进行改造或更换
46	110 kV	套管	特变电工沈阳变压器集团有限公司	BRDLW-126/1250-4	2017	套管底部瓷套密封垫圈破裂渗漏油	加强设备巡视，运行人员在进行设备巡视发现有异常时，应及时进行检查和处理	结合主变停电检修，注意对套管油位和密封圈检查。当套管渗漏油时，应立即处理，防止内部受潮损坏
47	110 kV	套管	北京天威瑞恒公司	FGRBLW-126	2013	套管将军帽发热	加强设备巡视及红外测温，注意三相套管的温度对比	(1) 针对同类型套管，加强红外检测，排查是否因施工安装时，安装工艺不佳，导致套管桩头发热。 (2) 由于该型号干式套管在系统类发生多起类似事故，建议结合技改、大修项目将干式套管更换为瓷套管

续表

序号	电压等级	部件	厂家	型号	生产年份	隐患	运维策略	检修策略
48	110 kV	套管	西安西电变压器有限责任公司	BRDW1-126/630-1	2007	套管下节发热	加强设备巡视及红外测温，注意三相套管的温度对比	(1) 对该套管厂家问题批次套管进行排查，并及时更换。 (2) 敦促生产厂家加强生产质量管控
49	110 kV	套管	西安西电变压器有限责任公司	BRDLW-126/1250-3	2004	套管将军帽发热	(1) 加强设备巡视及红外测温，注意三相套管的温度对比。 (2) 运行巡视应检查并记录套管油位情况，应定期使用红外测温对其套管表面温度进行记录，加强数据比对分析，及时发现套管油位异常缺陷	(1) 对在运的该厂家型号套管安排一次红外精确测温，检查是否存在同类问题。 (2) 结合设备停电对该型号套管的将军帽拆除检查处理，必要时更换套管引线定位销
50	110 kV	套管	瑞典SWEDEN公司	TPAV-40000/110	1999	套管末屏受潮绝缘降低	加强设备巡视，注意套管末屏密封及接地检查；开展套管末屏的红外检测，注意三相套管的温度对比；发现异常要及时查明原因并处理	(1) 对受潮绝缘降低的套管建议直接更换异常套管，消除隐患。 (2) 加强套管末屏接地检测、检修和运行维护，每次拆、接末屏后应检查末屏接地状况

续表

序号	电压等级	部件	厂家	型号	生产年份	隐患	运维策略	检修策略
51	110 kV	套管	南京智达电气有限公司	BRDLW-126/630-4	2009	套管桩头发热	加强设备巡视及红外测温，注意三相套管的温度对比	针对同类型套管，加强红外检测，排查是否因施工安装时，安装工艺不佳，导致套管桩头发热
52	220 kV	有载分接开关	贵州长征电力设备有限公司	VMⅠ700-170/D-10193W	2013	转换开关触头弹簧压力不足	（1）定期开展有载开关色谱分析，真空有载分接开关绝缘油检测的周期和项目应与变压器本体保持一致。 （2）真空有载开关运行过程中发现轻瓦斯信号或异常产气（视窗内应无气体），应立即暂停调压操作，及时开展油色谱、微水和击穿电压测试，根据分析结果确定恢复调压操作或进行检修。 （3）运维人员调档操作时，应检查相应电压、电流的变化	（1）改造前应加强有载分接开关油色谱分析。 （2）及时更换家族性缺陷有载开关产品，将真空有载分接开关转换开关更换为改进型产品。 （3）加强对真空有载开关轻瓦斯信号的管理。真空有载开关须具备轻瓦斯和重瓦斯双重保护，并注意将轻瓦斯信号接入后台。真空有载开关轻瓦斯告警信号未接入后台的，需及时整改。 （4）加强有载开关检修工艺管理防止改造后的绝缘油污染。在有载开关更换过程中，应将绝缘筒中的残油清理干净，并注意对排油管道、注油管道、有载开关油枕的冲洗，确保投运前的绝缘油油质合格，以便后续通过油色谱数据来判断真空有载开关的状态
53	220 kV	有载分接开关	贵州长征电力设备有限公司	ZVMⅢ600-126/C-10193W	2015			
54	220 kV	有载分接开关	贵州长征电力设备有限公司	VMⅢ600-126/C-10193W	2013			

续表

序号	电压等级	部件	厂家	型号	生产年份	隐患	运维策略	检修策略
55	110 kV	有载分接开关	贵州长征电力设备有限公司	UCGRN 380/400/C	2008	转换开关静触头镀银层脱落	(1) 定期开展有载开关色谱分析，真空有载分接开关绝缘油检测的周期和项目应与变压器本体保持一致。 (2) 真空有载开关运行过程中发现轻瓦斯信号或异常产气(视窗内应无气体)，应立即暂停调压操作，及时开展油色谱、微水和击穿电压测试，根据分析结果确定恢复调压操作或进行检修	(1) 对于改进后的真空有载开关运行过程中发现轻瓦斯信号或异常产气，应停电开展有载开关吊芯检查，重点检查转换开关触头烧蚀及表面镀层情况，发现转换开关异常应及时更换。 (2) 加强对真空有载开关轻瓦斯信号的管理。真空有载开关需具备轻瓦斯和重瓦斯双重保护，并注意将轻瓦斯信号接入后台。真空有载开关轻瓦斯告警信号未接入后台的，需及时整改
56	110 kV	有载分接开关	贵州长征电力设备有限公司	UCGRN 380/400/C	2005			
57	110 kV	有载分接开关	贵州长征电力设备有限公司	MⅢ500-72.5/B	2008	有载分接开关密封不良渗油	(1) 定期开展主变本体及有载开关色谱分析。 (2) 观察有载开关油位指示是否异常	(1) 有载开关吊芯处理时，着重检查有载开关油室密封件有无异常，触指等内外联通部分有无渗漏，对于无法彻底封堵者，则需结合主变本体放油大修开展修复工作。 (2) 吊芯后，对于油气污染主变本体者需对本体绝缘油开展真空滤油，取油样分析作为基础数据，继续跟踪观察监测。 (3) 定期开展有载开关吊芯检查，厂家无明确规定者，开展有载开关吊芯大修不得超过 6 年或 10000 次。

续表

序号	电压等级	部件	厂家	型号	生产年份	隐患	运维策略	检修策略
								(4) 现场安装和大修后应对有载开关油室单独试漏
58	110 kV	有载分接开关	贵州长征电力设备有限公司	MAE10193	2016	主变有载开关连杆脱落	(1) 加强主变启动送电验收管理,远方控制操作一个循环,各项指示正确,极限位置电气闭锁可靠。 (2) 有载分接开关操作前后,检查档位指示正确,指针在规定区域内,与远方档位一致	(1) 加强投运前有载开关验收管理,着重检查传动机构中的操作机构、电动机、传动齿轮和杠杆应固定牢靠,连接位置正确且操作灵活,无卡阻现象。 (2) 结合检修进行有载调压切换装置切换特性试验,检查全部动作顺序,过渡电阻阻值、三相同步偏差、切换时间等符合厂家技术要求
59	110 kV	有载分接开关	ABB配电变压器(合肥)有限公司	UCGRN 380/400/C	2008	有载分接开关触头氧化	(1) 运维人员调档操作时,应检查相应电压、电流的变化。 (2) 加强检修后对有载分接开关触头检查及直阻验收	(1) 对于三相电阻不平衡,优先考虑电弧烧蚀、氧化膜以及内部紧固件松动等使接触电阻增大,一般采取反复操作调压、去除表面氧化膜的方式降低接触电阻。 (2) 对于直阻不平衡率较大者,开展有载开关吊芯检查,重点检查触头及各紧固部件,对触头进行打磨,紧固部件重新加固。 (3) 定期开展有载开关吊芯检查,厂家无明确规定者,开展有载开关吊芯大修不得超过6年或10000次
60	110 kV	有载分接开关	ABB配电变压器(合肥)有限公司	UCGRN 380/400/C	2005			

续表

序号	电压等级	部件	厂家	型号	生产年份	隐患	运维策略	检修策略
61	110 kV	有载分接开关	ABB配电变压器(合肥)有限公司	UCGRN 380/400/C	2010	有载分接开关密封不良、渗油	(1) 定期开展主变本体及有载开关色谱分析。 (2) 观察有载开关油位指示是否异常	(1) 当变压器本体绝缘油单乙炔气体超标时，应对油灭弧有载分接开关进行检查，排除分接开关渗漏油可能，并注重用电气试验和 DGA 两种方法综合诊断缺陷原因。 (2) 有载开关吊芯处理时，着重检查有载开关油室密封件有无异常，触指等内外联通部分有无渗漏，对于无法彻底封堵者，则需结合主变本体放油大修开展修复工作。 (3) 吊芯后，对于油气污染主变本体者需对本体绝缘油开展真空滤油，取油样分析作为基础数据，继续跟踪观察监测。 (4) 定期开展有载开关吊芯检查，厂家无明确规定者，开展有载开关吊芯大修不得超过6年或10000次。 (5) 现场安装和大修后应对有载开关油室单独试漏

续表

序号	电压等级	部件	厂家	型号	生产年份	隐患	运维策略	检修策略
62	220 kV	有载分接开关	瑞典ABB组件公司	UCGRT 650/500/C	2008	有载分接开关绝缘油劣化	(1) 加强设备巡视,检查有载开关运行状况及调档次数。 (2) 检查分接开关的油位、油色是否正常。 (3) 定期开展主变本体及有载开关色谱分析	(1) 定期开展有载开关吊芯检查,厂家无明确规定者,开展有载开关吊芯大修不得超过6年或10000次。 (2) 对于调档较为频繁的油灭弧开关建议结合有载开关吊芯更换新油,换油时,先关闭油室和储油柜连接管路上的阀门,然后排尽油室和油管中的污油,先打开阀门利用储油柜里的油进行冲洗并排尽,再用合格绝缘油冲洗
63	110 kV	有载分接开关	ABB配电变压器(合肥)有限公司	UCGRN 380/400/C	2009	有载分接开关极性转换开关动触头与负极性定触头间发生拉弧放电	(1) 加强设备巡视,检查有载开关运行状况及调档次数。对于色谱异常者应查明原因,并应缩短色谱周期且加强巡视,跟踪主变状态。 (2) 检查分接开关的油位、油色是否正常。 (3) 检查气体继电器内有无气体	(1) 加强投运前有载开关验收管理,着重检查传动机构中的操作机构、电动机、传动齿轮和杠杆是否固定牢靠,连接位置是否正确且操作灵活,无卡阻现象;应进行有载调压切换装置切换特性试验,检查全部动作顺序,过渡电阻阻值、三相同步偏差、切换时间等符合厂家技术要求。 (2) 对于极性开关转换档位调档异常者,需引起关注。

续表

序号	电压等级	部件	厂家	型号	生产年份	隐患	运维策略	检修策略
								(3) 变压器安装、检修时，应在有载分接开关生产厂家技术人员的指导下对开关机构正反圈数进行正确调整，确保误差在制造厂允许的范围之内，避免出现类似现象
64	110 kV	有载分接开关	上海华明公司	CMⅢ-350Y/72.5B-10039W	2010	有载分接开关静触头螺丝脱落	(1) 定期开展主变本体及有载开关色谱分析。 (2) 运维人员调档操作时，应检查相应电压、电流的变化	(1) 有载开关吊芯处理时，着重检查有载开关油室密封件有无异常，触指等内外联通部分有无渗漏，对于无法彻底封堵者，则需结合主变本体放油大修开展修复工作，检修前后重点测量变压器绕组直流电阻。 (2) 吊芯后，对于油气污染主变本体者需对本体绝缘油开展真空滤油，取油样分析作为基础数据，继续跟踪观察监测。 (3) 定期开展有载开关吊芯检查，厂家无明确规定者，开展有载开关吊芯大修不得超过 6 年或 10000 次

续表

序号	电压等级	部件	厂家	型号	生产年份	隐患	运维策略	检修策略
65	220 kV	有载分接开关	上海华明公司	CMDⅢ-800	2010	有载瓦斯继电器整定值设定不合理	(1) 加强气体继电器等非电量保护装置投运验收监督，必须经校验合格后方可使用。对于轻瓦斯动作信号，气体容积动作范围为200～250 mL。 (2) 流速整定值由变压器、有载分接开关生产厂家提供，除制造厂特殊要求外，对于重瓦斯信号，油流速达应到自冷式变压器为0.8～1.0 m/s，强油循环变压器为1.0～1.2 m/s。 (3) 120 MVA 以上变压器在1.2～1.3 m/s时应同时动作，指针停留在动作后的倾斜状态，并发出重瓦斯动作标志	(1) 对于运行超过10年的220 kV及以上变压器(高抗)，应结合停电安排一次本体和有载开关气体继电器校验，对于110 kV变压器应结合主变大修、有载开关吊芯完成气体继电器校验。 (2) 结合停电开展瓦斯继电器回路绝缘电阻(1000 V，不低于1 MΩ)。 (3) 为不影响工期，应提前储备适量相同配置(包括重瓦斯定值、管道口径)备品，在停电前送电科院校验合格后，进行替换轮校。 (4) 在大容量有载分接开关非电量保护配合方面，有载厂家未给出重瓦斯动作原因之前，应禁止有载调压操作

续表

序号	电压等级	部件	厂家	型号	生产年份	隐患	运维策略	检修策略
66	220 kV	有载分接开关	上海华明公司	CMDⅠ-1000/170C-10193W	2014	有载开关压力释放阀动作值设定不合理	(1) 原则上建议各单位今后在参加新主变设联会时,取消有载开关压力释放阀,仅保留防爆膜配置。 (2) 加强运维人员有载分接开关瓦斯继电器等非电量保护装置验收,及时发现和处理设备缺陷。 (3) 结合巡视、调档操作检查压力释放阀是否外观完好,无渗漏、无喷油现象	(1) 通过梳理分析相关标准、规程,并结合进口合资有载开关厂家油室压力保护配置情况,确定防爆盖和压力释放阀均属于压力释放装置,所起的保护作用相同,仅保留防爆盖、取消压力释放阀的配置可以满足有载开关过压力保护的要求。如同时装有压力释放阀,开启压力一般不小于 130 kPa。 (2) 对于在运使用国产有载开关的 220 kV 主变,提前联系厂家重新制作有载开关顶盖,结合停电安排更换,取消压力释放阀,保留防爆膜
67	220 kV	有载分接开关	上海华明公司	CMDⅠ-1000/170C-10193W	2011			
68	220 kV	有载分接开关	上海华明公司	GVBHF	2010			
69	110 kV	有载分接开关	上海华明公司	CMDⅢ-500Y/72.5C-10193W	2007	有载分接开关密封不良、渗油	(1) 定期开展主变本体及有载开关色谱分析。 (2) 观察有载开关油位指示是否异常。 (3) 结合巡视、调档操作检查有载开关密封部分、管道及其法兰有无渗漏油	(1) 当变压器本体绝缘油单乙炔气体超标时,应对油灭弧有载分接开关进行检查,排除分接开关渗漏油可能,并注重用电气试验和 DGA 两种方法综合诊断缺陷原因。

续表

序号	电压等级	部件	厂家	型号	生产年份	隐患	运维策略	检修策略
								(2) 有载开关吊芯处理时，着重检查有载开关油室密封件有无异常，触指等内外联通部分有无渗漏，对于无法彻底封堵者，则需结合主变本体放油大修开展修复工作。 (3) 吊芯后，对于油气污染主变本体者需对本体绝缘油开展真空滤油，取油样分析作为基础数据，继续跟踪观察监测。 (4) 定期开展有载开关吊芯检查，厂家无明确规定者，开展有载开关吊芯大修不得超过 6 年或 10000 次
70	35 kV	无载分接开关	江苏吴江开关总厂	RI3003-362/C-10193W	1992	无载分接开关动静触头松动	(1) 结合巡视应检查变压器相应电压、电流的变化。 (2) 针对运行年限久的无载分接开关要加强运维监视。 (3) 定期开展主变本体及无载开关色谱分析	(1) 在分接开关检修后，应进行所有档位的变比、直阻试验并核对试验数据逻辑关系。 (2) 定期检查维护无载分接开关运行状况

续表

序号	电压等级	部件	厂家	型号	生产年份	隐患	运维策略	检修策略
71	110 kV	非电量保护装置	沈阳四兴继电器制造有限公司	QJ4-25	2011	瓦斯继电器干簧管破裂	加强主变投运(或复役)前气体继电器验收。新安装的气体继电器必须经校验合格后方可使用;气体继电器应在真空注油完毕后再安装;瓦斯保护投运前必须对信号跳闸回路进行保护试验	(1) 结合主变停电计划,对本体及有载调压开关瓦斯继电器及其回路进行绝缘强度检查;对性能不满足厂家或规程要求的继电器进行更换。 (2) 主变有载开关瓦斯继电器应结合有载开关吊芯维护开展冲洗,防止积碳过多造成告警等故障
72	220 kV	非电量保护装置	德国EMB公司	URF25/10 12-25-48	2005	瓦斯继电器干簧管绝缘性能下降	按规程要求执行瓦斯继电器检验,已运行的气体继电器及其保护回路,应结合大修进行全部检验,每两年至少开盖一次,进行内部结构和动作可靠性检查	结合主变停电计划,对瓦斯继电器及其回路进行绝缘强度检查;对性能不满足厂家或规程要求的继电器进行更换
73	110 kV	非电量保护装置	德国EMB公司	TYPVRF 25/1012-25-4404/07	2008	瓦斯继电器二次触点绝缘性能下降	按规程要求执行瓦斯继电器检验,已运行的气体继电器及其保护回路,应结合大修进行全部检验,每两年至少开盖一次,进行内部结构和动作可靠性检查	结合主变停电计划,对瓦斯继电器及其回路进行绝缘强度检查;对性能不满足厂家或规程要求的继电器进行更换;对绝缘电阻不满足要求的二次回路进行二次电缆更换

续表

序号	电压等级	部件	厂家	型号	生产年份	隐患	运维策略	检修策略
74	220 kV	金属波纹储油柜	沈阳蓝天公司	波纹管式储油柜	2009	油枕金属波纹管破裂进油	（1）在设联会阶段明确不得采用外油卧式波纹管储油柜。500 kV 及以上变压器优先选用传统胶囊式储油柜。220 kV 及以下变压器可选择金属波纹储油柜，但优先选用内油式金属波纹储油柜。 （2）对于外油式储油柜，必须确保运行过程中呼吸口处于常开状态。另外，金属波纹芯体内腔为变压器油的散热面，正常运行过程中无凝露现象，可以不用吸湿器，但怀疑波纹芯体有渗漏时，应采取临时措施，如在呼吸口加装吸湿器	（1）对于在运的外油卧式波纹管储油柜应制订检修计划，结合停电进行更换。 （2）对于暂未更换的外油卧式波纹管储油柜，在迎峰度夏和迎峰度冬等温度变化较大的时期应缩短巡视周期，重点关注油温、油位、呼吸情况，发现卡涩及时处理。 （3）怀疑出现储油柜波纹管卡涩时，可以通过拍打波纹管、向波纹管充气等方式促使波纹管移动，同时注意油位的变化
75	220 kV	金属波纹储油柜	沈阳蓝天公司	外油式波纹油枕（全密封式储油柜）	2010	油枕金属波纹管导向滚轮卡涩	（1）在设联会阶段明确不得采用外油卧式波纹管储油柜。500 kV 及以上变压器优先选用传统胶囊式储油柜。220 kV 及以下变压器可选择金属波纹储油柜，但优先选用内油式金属波纹储油柜。	（1）对于在运的外油卧式波纹管储油柜应制订检修计划，结合停电进行更换。 （2）怀疑出现储油柜波纹管卡涩时，可以通过拍打波纹管、向波纹管充气等方式促使波纹管移动，同时注意油位的变化

续表

序号	电压等级	部件	厂家	型号	生产年份	隐患	运维策略	检修策略
							(2) 投运初期应注意观察储油柜油位指示是否随油温变化而变化;在迎峰度夏和迎峰度冬等温度变化较大的时期应缩短巡视周期,重点关注油温、油位、呼吸情况。夏季高温大负荷期间或冬季停运期间应注意储油柜油位指示,以防止出现满油或缺油问题。 (3) 对于外油式储油柜,必须确保运行过程中呼吸口处于常开状态。另外,金属波纹芯体内腔为变压器油的散热面,正常运行过程中无凝露现象,可以不用吸湿器,但怀疑波纹芯体有渗漏时,应采取临时措施,如在呼吸口加装吸湿器	

第三章　变压器本体典型案例

第一节　1000 kV 变压器

一、以西安西电变压器有限责任公司生产的变压器为例

（一）主变套管升高座流变二次接线盒绝缘板渗漏油

1. 案例情况

2020 年 9 月，某变电站发现 1 号主变 A 相中压侧套管升高座流变、1 号主变 B 相补偿变 x2 套管升高座流变、1 号主变 B 相 a1 套管升高座流变二次接线盒渗漏油。主变生产厂家为西安西电变压器有限责任公司，型号为 ODFPSZ-1000000/1000，生产日期为 2013 年 5 月。套管升高座流变二次接线盒生产厂家为重庆山城电器有限公司。

2021 年 3 月至 4 月，该主变结合停电开展升高座流变二次接线盒渗漏油缺陷处理。处理过程中发现流变二次接线盒绝缘板密封垫溶胀严重，绝缘板外观检查未见异常。溶胀的密封垫材质分析结果显示密封垫为聚甲基硅氧烷材料，该材料耐高温及电绝缘，但不耐油，在长期运行过程中溶胀变形，从而导致密封失效渗漏油（图 3.1、图 3.2）。

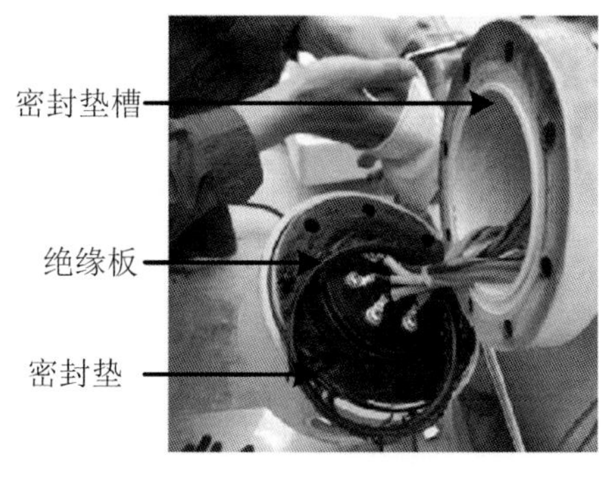

图 3.1　二次接线盒密封垫结构

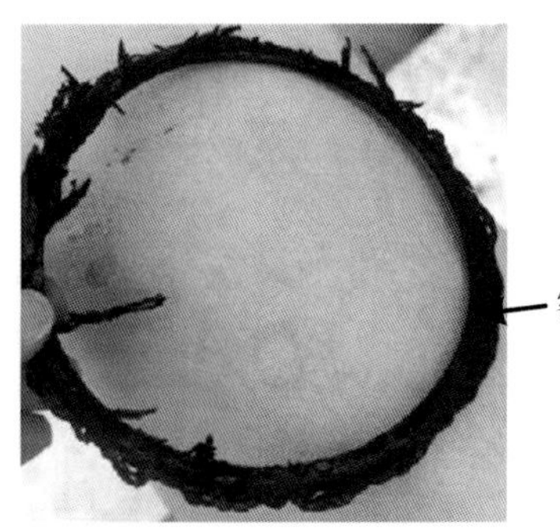

图 3.2　密封垫溶胀情况

2. 运维策略

(1) 运行巡视应关注变压器(高抗)渗油部位、渗油速度及变压器(高抗)油位。

(2) 加强对套管升高座的巡视检查。

3. 检修策略

(1) 用于油路密封的密封垫应仔细核查其合格证、试验报告,抽检进行材质分析,确保为耐油材质。

(2) 重视变压器升高座流变二次接线盒的选择,对变压器厂推荐的厂商要进一步把关,优先选用技术成熟、运行业绩突出的厂商。

(二) 主变铁心、夹件绝缘电阻偏低

1. 案例情况

2019 年 3 月,某变电站发现 1 号主变 B 相铁心对夹件绝缘电阻测试与交接时相差较大,交接时电阻 5500 MΩ,现场 0.5 MΩ。主变生产厂家为西安西电变压器有限责任公司,型号为 ODFPSZ-1000000/1000,生产日期为 2013 年 5 月。检查处理需排油、内检,目前尚未开展。

2. 运维策略

(1) 运行过程中应定期开展变压器铁心、夹件接地电流测试。

(2) 当接地电流超过 300 mA 时应引起注意,缩短测试周期,同步开展油色谱分析,结合变压器负荷变化情况综合判断缺陷类型。对于厂家接地电流有特殊说明的,现场按照厂家规定进行,并将此内容在现场规程中注明。

3. 检修策略

(1) 停电试验应分别测量铁心对地、夹件对地、铁心对夹件之间的绝缘电阻。发现异常时,可施加不同量程试验电压或用万用表进行复测。

(2) 若发现铁心、夹件接地电流超标而又不能及时停电处理,可采取串接限流电阻的临时措施,并加强油色谱跟踪。

(三) 高压电抗器铁心、夹件绝缘电阻偏低

1. 案例情况

2018 年 3 月,某变电站某线 A 相高抗发现铁心和夹件之间的绝缘电阻偏低,用 2500 V 的绝缘电阻表测量电阻为 4000 MΩ,现场结合其他试验结果和油色谱数据决定是否继续跟踪。该电抗器生产厂家为西安西电变压器有限责任公司,型号为 BKDF-240000/1000,生产日期为 2015 年 1 月。

2019 年结合年度检修复测铁心、夹件绝缘,测量铁心和夹件绝缘电阻用 2500 V、1000 V、500 V、250 V 均加不上电压,绝缘电阻值接近零。在现场对该电抗器进行放油内检,在对 A 柱上压板与上铁轭间的油道缝隙用白布带清理后,夹件与铁心间绝缘电阻恢复正常,修复后铁心、夹件绝缘电阻值大于 10 GΩ。铁心、夹件短接位置示意图如图 3.3 所示,现场清理示意图如图 3.4 所示。

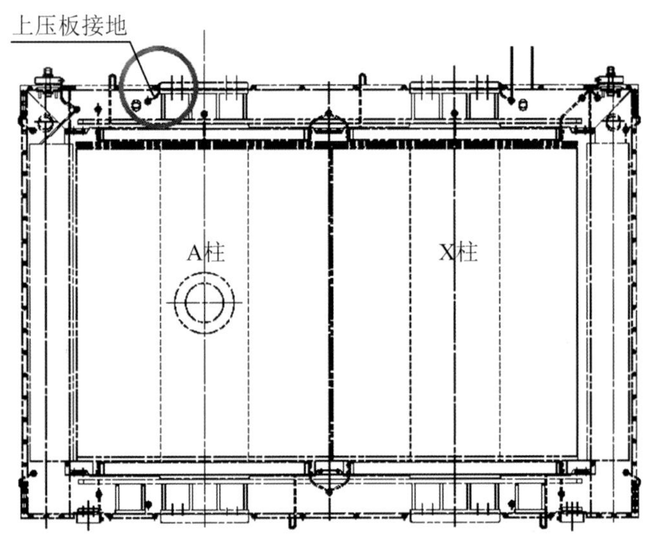

图 3.3　铁心、夹件短接位置示意图

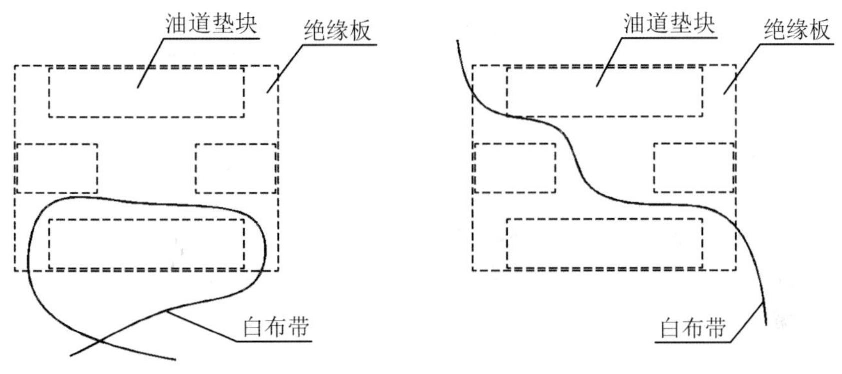

图 3.4　现场清理示意图

原因分析：位于 A 柱上压板与上铁轭间的油道缝隙内存在毛刺或杂质，导致夹件与铁心间绝缘电阻测量值出现异常。

2．运维策略

（1）运行过程中应定期开展变压器铁心、夹件接地电流测试。

（2）当接地电流超过 300 mA 时应引起注意，缩短测试周期，同步开展油色谱分析。对于厂家接地电流有特殊说明的，现场按照厂家规定进行，并将此内容在现场规程中注明。

3．检修策略

（1）停电试验应分别测量铁心对地、夹件对地、铁心对夹件之间的绝缘电阻。发现异常时，可施加不同量程试验电压或用万用表进行复测。

(2) 若发现铁心、夹件接地电流超标而又不能及时停电处理，可采取串接限流电阻的临时措施，并加强油色谱跟踪。

(四) 磁分路紧固螺栓屏蔽帽掉落导致油中乙炔含量异常

1. 案例情况

2014 年 12 月，某变电站运维人员发现某线高抗 A 相乙炔含量有连续增长趋势。该高抗生产厂家为西安西电变压器有限责任公司，型号为 BKD-240000/1100，生产日期为 2012 年 12 月。通过对其跟踪开展铁心和夹件接地电流检测、局放检测、红外紫外检测，均未发现异常，油色谱检测乙炔含量基本稳定。

2015 年 1 月对高抗进行放油内检，发现 A 柱上部磁分路紧固螺栓屏蔽帽折断、掉落至 A 柱下部磁分路的绝缘纸板上，并触碰相邻的绝缘端圈。在绝缘端圈有两处明显的烧蚀痕迹(其中一处宽度为 2 mm、深度为 1 mm，另外一处是黑点)，在磁分路绝缘纸板上也有一处碳化痕迹(5 mm×6 mm 的椭圆形，深度为 1 mm)。用磁铁检测该屏蔽帽，为磁性材料。其余部分检查测量未发现异常情况。由于内检未发现其他明显异常，现场对折断的磁性屏蔽帽进行更换、对绝缘端圈烧蚀部位及绝缘纸板碳化痕迹进行清除后电抗器恢复运行(图 3.5～图 3.8)。

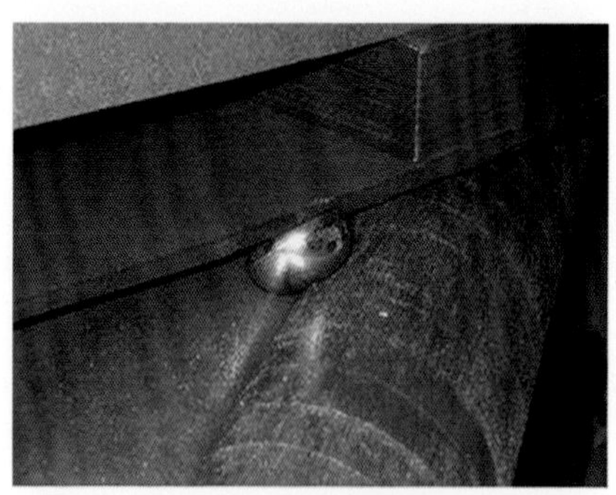

图 3.5　A 柱下部磁分路绝缘纸板与绝缘端圈之间掉落的屏蔽帽

图3.6　A 柱上部磁分路断裂屏蔽帽所处的位置

图 3.7　下部磁分路绝缘纸板烧蚀痕迹

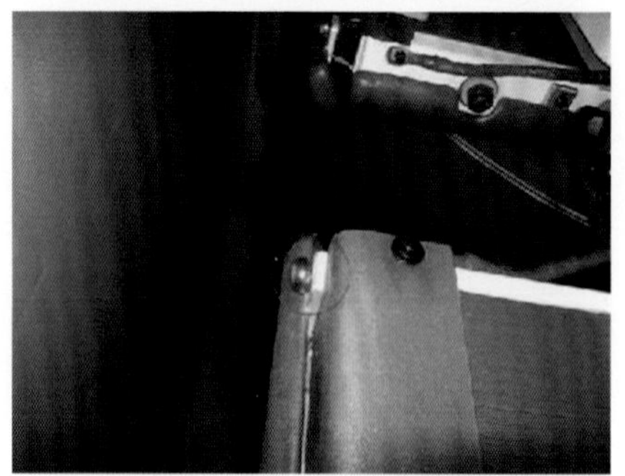

图 3.8　更换后的屏蔽帽

原因分析：上述烧蚀和碳化痕迹与运行中出现的油色谱特征气体含量基本吻合，也与运行中无法检测到明显的高频和超声局部放电信号相一致。该故障发生的机理如下：① 掉落在磁分路绝缘纸板上的磁性屏蔽帽处于低电位，而相邻绝缘端圈受 A 柱下端 500 kV 电压作用有一定的高电位，因此在磁性屏蔽帽与绝缘端圈的接触处有两处烧蚀痕迹，属于一定能量的局部放电烧损；② 由于该磁性屏蔽帽所处的位置主要由磁分路绝缘纸板支撑，一旦与绝缘端圈的烧蚀痕迹达到一定深度以后，局部放电可能会进一步降低甚至消失；③ 磁性屏蔽帽在高磁场区域发热形成局部过热也是形成该区域碳化的原因；④ 电抗器的振动对该磁性屏蔽帽与绝缘端圈的电热烧蚀也起到一定程度的作用。

2. 运维策略

强化运行巡视与在线监测工作，及时统计分析油色谱数据，严格按周期开展油色谱离线分析并与在线监测结果进行比对。

3. 检修策略

定期开展油色谱、铁心和夹件接地电流、红外测温、高频局放和超声局放专项检测，注意各试验结果的变化趋势，准确掌握设备的运行状态。

（五）高压电抗器磁分路屏蔽管与磁分路夹件接触不良

1. 案例情况

2018 年 2 月，某变电站高抗备用相搬迁于在运相处投入运行。备用高抗生产厂家为西安西电变压器有限责任公司，型号为 BKDF-240000/1000，出厂日期为 2013 年 6 月。备用相投运后，通过对其跟踪开展油色谱检测，发现乙炔含量持续缓慢增长，三比值结果为 122，初步判断为电弧放电兼过热。后续现场对其进行了更换。高抗乙炔含量趋势（离线）如图 3.9 所示。

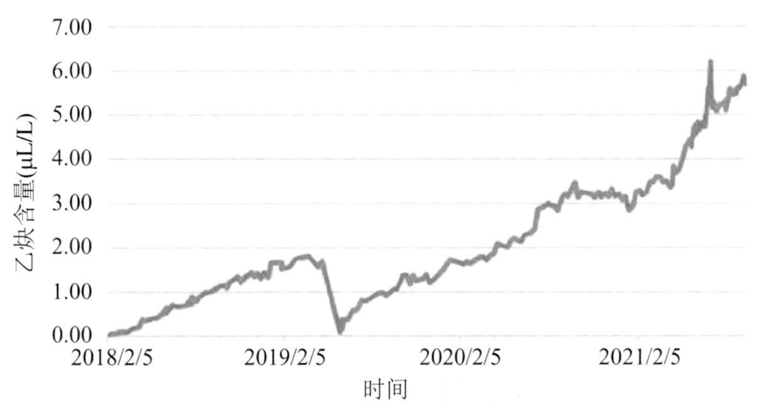

图 3.9　高抗乙炔含量趋势（离线）

返厂解体检查发现如下异常：① 柱间引线半屏蔽管与屏蔽管接头连接处发现黑色痕迹；② A 柱上磁分路相间及旁轭侧屏蔽管支架、A 柱下磁分路相间屏蔽管支架与磁分路夹件对应接触位置存在发黑痕迹;③ 与磁分路表面接触的绝缘纸板存在发黑痕迹;④ 铁心旁轭与上下轭螺杆部分绝缘垫片裂化。

原因分析:① 磁分路屏蔽管与磁分路夹件接触不良导致的间隙放电,是产品色谱异常的主要原因;② 柱间引线“手拉手”半屏蔽管端部与屏蔽管接头处未可靠接触,引发局部放电,造成色谱异常;③ 磁分路硅钢片与绝缘件接触部分散热不畅,导致局部过热,造成绝缘纸板表面发黑,色谱异常。

2. 运维策略

加强运行巡视与在线监测工作,及时统计分析油色谱数据,严格按周期开展油色谱离线分析并与在线监测结果进行比对。

3. 检修策略

(1) 定期开展油色谱、铁心和夹件接地电流、红外测温、高频局放和超声局放专项检测,注意各试验结果的变化趋势,准确掌握设备的运行状态。

(2) 西电高抗早期双柱结构产品,疑似存在家族缺陷,对于运行中乙炔含量缓慢增长的高抗,应适时安排返厂检查和修理;如有乙炔含量突增情况,应严格按照国网公司的最新管理规定妥善处置。

二、以保定天威保变电气股份有限公司生产的变压器为例

主变铁心、夹件绝缘电阻偏低

1. 案例情况

2014 年 10 月,某变电站 1 号主变例行试验的过程中发现主变 A 相铁心、夹件的绝缘电阻为 118 kΩ,远小于规程的标准值。该主变生产厂家为保定天威保变电气股份有限公司,型号为 ODFPS-1000000/1000,生产日期为 2012 年 12 月。2020 年 4 月,对该站 1 号主变 A 相主体变进行排油内检,未能有效消除缺陷,铁心、夹件绝缘电阻无明显变化,受检修工期影响恢复主变运行。

2. 运维策略

(1) 运行过程中应定期开展变压器铁心、夹件接地电流测试。

(2) 当接地电流超过 300 mA 时应引起注意,缩短测试周期,同步开展油色谱分析,结合变压器负荷变化情况综合判断缺陷类型。对于厂家接地电流有特殊说明的,应现场按照厂家规定进行,并将此内容在现场规程中注明。

3. 检修策略

(1) 停电试验应分别测量铁心对地、夹件对地、铁心对夹件之间的绝缘电阻。发现异常时,可施加不同量程试验电压或用万用表进行复测。

(2) 若发现铁心、夹件接地电流超标而又不能及时停电处理,可采取串接限流电阻的临时措施,并加强油色谱跟踪。

第二节　500 kV 变压器

一、以特变电工衡阳变压器有限公司生产的变压器为例

主变升高座绝缘隔板未安装

1. 案例情况

2021 年 3 月，某变电站 2 号主变检修投运后在开展油色谱检测时，发现 C 相乙炔含量超标，达到 4.92 μL/L。该主变生产厂家为特变电工衡阳变压器有限公司，型号为 ODFS-250000/50，出厂日期为 2009 年 9 月。

现场排油内检发现高压套管升高座绝缘隔板保持在器身底部(运输状态)，外部有白纱带绑扎；固定升高座绝缘隔板的 6 颗固定螺杆中有 2 颗层压木螺杆(均带螺母，下同)固定于外绝缘隔板上，正对放电区域；2 颗位于油箱底部；2 颗靠近油箱底部的加强筋上。高压侧引出线区域均压球上、下沿对应的内绝缘纸筒内表面上、下部有明显放电痕迹，内绝缘纸筒中间区域未发现放电痕迹(图 3.10～图 3.12)。对 A、B 相进行放油内检发现同样存在绝缘隔板未安装情况。

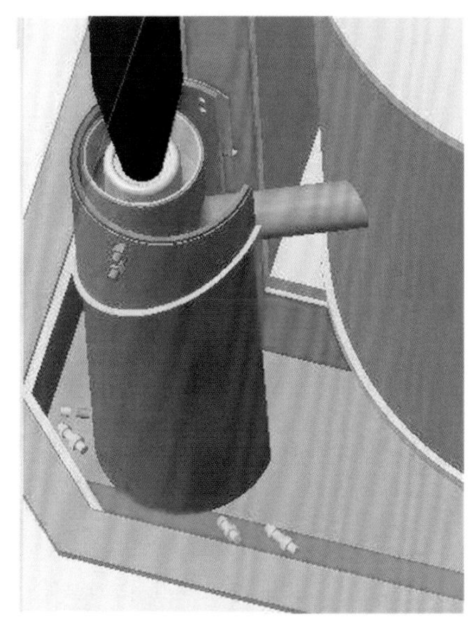

图 3.10　绝缘隔板位于油箱底部

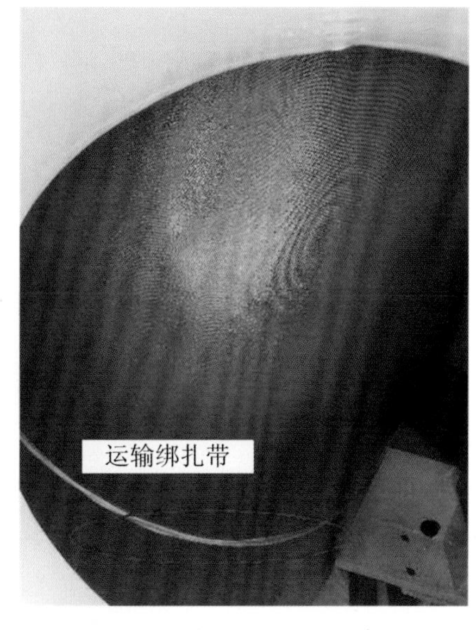

图 3.11　绝缘隔板及固定螺杆位置

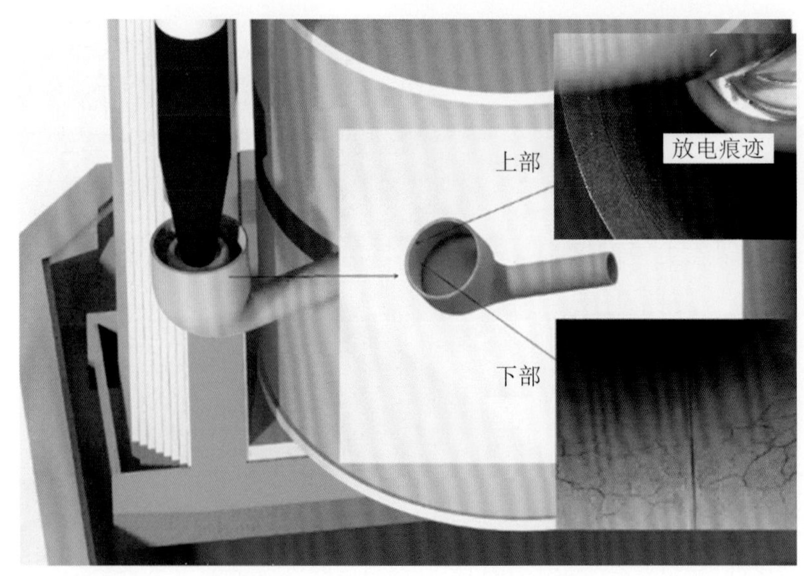

图 3.12　内绝缘筒上、下部放电痕迹

该主变为单相自耦风冷变压器，高压侧出线区域采用“烟锅式”结构，套管尾端均压球外共设计三层绝缘，其中内绝缘纸筒、绝缘成型件两层，升高座绝缘隔板一层（隔离长油隙以增加裕度），设备外观和内部结构如图 3.13、图 3.14 所示。高压出线区域侧视和俯视图如图 3.15 所示，高压出线区域实体图如图 3.16 所示。

图 3.13　设备外观

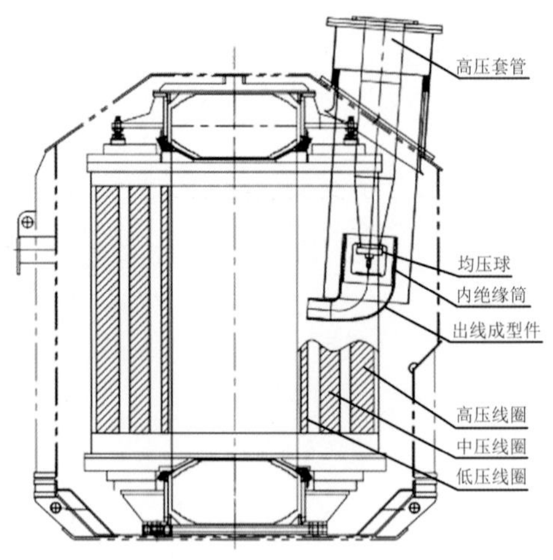

图 3.14　运行时绝缘筒位置示意图

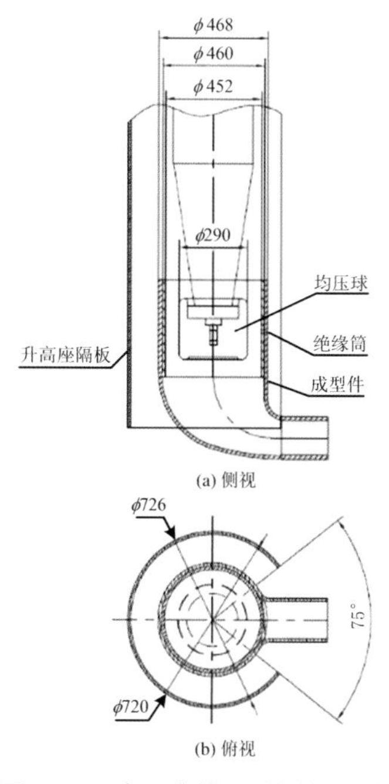

图 3.15　高压出线区域侧视和俯视图

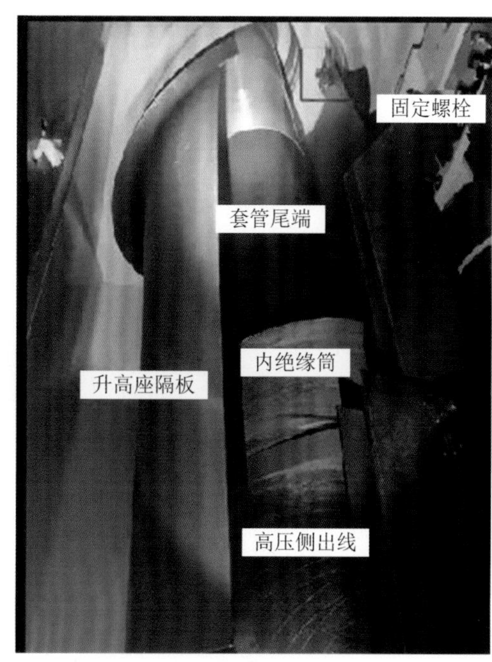

图 3.16　高压出线区域实体图

原因分析：绝缘隔板带绝缘螺杆直接接触高压出线区域，改变了"均压球-烟锅式绝缘结构-油箱壁"路径上电场分布，造成均压球与内绝缘纸筒电场畸变，在长期运行期间暂态过电压（如操作过电压）作用下，多次形成短时放电引起绝缘劣化，逐步累积造成放电。

2. 运维策略

（1）严格按照国网公司、省公司有关规程规范要求，加强设备安装过程管控，强化交接验收质量，确保设备零缺陷投运。

（2）做好主变安装隐蔽工程验收，关键部位拍照留存。

（3）做好运行巡视与在线监测装置油色谱数据分析工作，及时统计分析油色谱数据。

3. 检修策略

定期对绝缘油现场取样监测比对，对于乙炔含量异常的主变及时开展离线油色谱分析，必要时停电检修。

二、以山东电力设备有限公司生产的变压器为例

免维护呼吸器堵塞

1. 案例情况

2020 年 8 月，某变电站 2 号主变 C 相压力释放阀动作。2 号主变生产厂家为

山东电力设备有限公司，型号为 ODFS-334000/500，投运时间为 2018 年 6 月。在 2019 年底将主变呼吸器更换为免维护呼吸器。

现场检查发现压力释放阀顶针顶起，有少量油迹。由于免维护呼吸器没有油杯，无法直接观察到呼吸作用，现场利用清水封住呼吸器底部进行观察，C 相主变无呼吸作用，免维护呼吸器上口的塑料塞未拆下(图 3.17)。

图 3.17　呼吸器上口的塑料塞未拆下

原因分析：安装阶段，免维护呼吸器上口的塑料塞未拆下，导致呼吸器堵塞，安装时温度较低，变压器油体积小，随着温度升高，变压器油体积膨胀，主变本体内部压力增大，导致压力释放阀动作。

2. 运维策略

(1) 严格按照国网公司、省公司有关规程规范要求，加强设备安装过程管控，强化交接验收质量，安装过程中应检查呼吸器上口塑料塞是否拆除，应留有记录，必要时拍照留存。

(2) 运行过程中及时巡视主变免维护呼吸器工作情况，对于呼吸异常的变压器应及时汇报。

(3) 免维护呼吸器改造后，应加强改造前后同油温下油位比对。

3. 检修策略

(1) 发现免维护呼吸器呼吸异常时，主变未停电时，可拆除呼吸器(必要时申请停用重瓦斯跳闸，改投信号)，观察主变油枕是否正常呼吸。

(2) 检查免维护呼吸器上口的塑料塞是否拆除。

(3) 检查免维护呼吸器是否损坏，损坏应及时更换。

第三节　220 kV 变压器

一、以 ABB 配电变压器(合肥)有限公司生产的变压器为例

(一) 调压绕组引线焊接、制作工艺不良

1. 案例情况

2016 年 12 月,某变电站 2 号主变差动保护、本体重瓦斯保护动作跳闸。主变生产厂家为 ABB 配电变压器(合肥)有限公司,型号为 OFSPSZ9-150000/220,生产日期为 2003 年 5 月。

现场检查发现本体两个压力释放阀均动作喷油,高压 A 相套管升高座连管断裂,高压三相套管法兰紧固螺栓松动严重。解体检查发现调压绕组匝间短路和对地(铁心下夹件)短路(图 3.18～图 3.23)。

原因分析:该变压器分接引线在绕组下部出线端扁铜线的焊接处有瑕疵,存在制作缺陷,在系统短路冲击和主变绝缘老化等因素作用下突发断股,诱发匝间短路,造成主变差动保护及重瓦斯动作跳闸、压力释放阀动作喷油。

图 3.18　A 相调压线圈及分接引线

图 3.19　A 相调压分接引线故障部位

图 3.20　2、4、6、7、8 分接引线放电痕迹

图 3.21　7、8 分接引线匝间放电痕迹

图 3.22 4 号分接引线断点

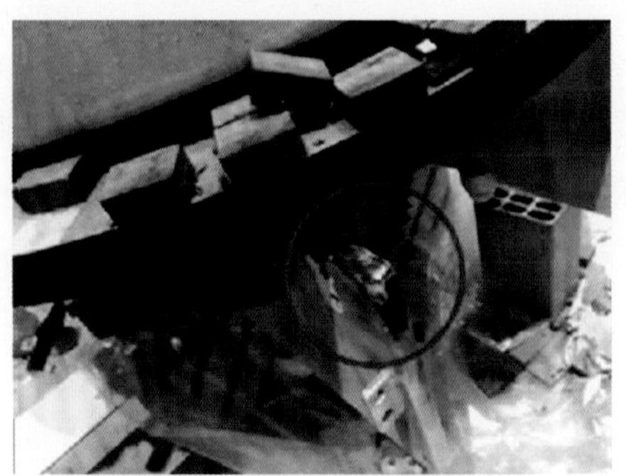

图 3.23 下夹件放电点

2. 运维策略

(1) 加强变压器三侧设备巡视,加强变电站周边环境治理,完善主变中低压绝缘化改造,主变中低侧出口采用电缆连接时,应采用单芯电缆,运行中的三相统包电缆应进行逐步改造,避免主变近区短路故障。

(2) 做好变压器近区及出口短路记录,包括短路波形、短路电流、短路时长等信息,注意短路累积效应信息收集。

(3) 加强红外测温,并进行比对分析,及时发现主变内部异常。

(4) 重点检查变压器有无喷油、漏油等,检查气体继电器内部有无气体积聚,检查油色谱在线监测装置数据,检查变压器本体油温、油位变化情况。

3. 检修策略

(1) 变压器受到近区短路冲击跳闸后,应开展油中溶解气体组分分析、直流电阻、变比、低电压短路阻抗、绕组变形及其他诊断性试验,综合判断无异常后方可投入运行,否则应停电检查。

(2) 定期开关主变抗短路能力校核工作,首台套主变应开展突发短路试验。根据校核情况,结合当地短路电流水平和设备的实际情况有选择性地采取完善绝缘化措施、加装中性点小电抗、限流电抗器、中压侧分裂运行、返厂改造等措施,合理调整 220 kV 变压器中性点接地方式,降低抗短路能力相对不足变压器的单相接地短路电流水平。

(二) 油中铜离子含量偏高

1. 案例情况

2020 年 4 月,某变电站 1 号主变试验发现绕组绝缘电阻下降。主变型号为 OSFSZ9-240000/230,生产厂家为 ABB 配电变压器(合肥)有限公司,出厂日期为 2010 年 10 月,变压器绝缘油为克拉玛依 2 号油、5 号油。

主变高中低绕组对地绝缘电阻明显降低,其余项的试验数据均合格,现场取样进行绝缘油检测,未发现明显异常,后通过中国科学技术大学理化科学实验中心协助,检测出该主变油中铜离子浓度远超同期运行的 2 号主变。更换新油并经热油喷淋、热油循环后，试化验正常，主变恢复运行。

原因分析：绝缘电阻偏低的原因为油中铜离子含量偏高。该主变使用的克拉玛依2号油、5号油，查阅相关文献暂未发现克拉玛依油存在腐蚀性硫情况；不排除绝缘油中存在微生物可能。

2. 运维策略

(1) 加强巡视，检查主变声响变化情况，及时关注油色谱在线监测的数值变化。

(2) 定期进行铁心、夹件接地电流测量，与历史数值进行比较。

3. 检修策略

针对同一批次的产品，应结合主变停电，加强绝缘电阻测试结果比对，若有异常，应对绝缘油取样分析，重点关注油中铜离子浓度、油介损和体积电阻率、绝缘油体积电阻率及油介损的变化情况。

（三）主变夹件多点接地

1. 案例情况

2020年3月，某变电站1号主变试验发现夹件绝缘电阻下降厉害。主变型号为OSFSZ9-150000/220，生产厂家为ABB配电变压器（合肥）有限公司，出厂日期为2003年2月。

现场检测夹件对地绝缘电阻值为3 MΩ，并且数据不稳，测试时能听到“嗞嗞”的放电声。内检发现B相有载开关的支架移位，并与油箱内壁发生接触（有载开关支架与夹件相连），造成主变夹件多点接地，导致主变夹件绝缘电阻降低（图3.24）。

图3.24　有载开关的B相支架移位

原因分析：此有载开关支架在主变内部的固定螺栓没有紧固到位，长期运行过程中，有载开关支架受到变压器振动影响而缓慢松动、位移，最终与油箱内壁触碰，造成多点接地。

2. 运维策略

(1) 按照规程定期开展铁心、夹件接地电流测试；若安装有铁心、夹件接地电流在线监测装置，还应及时关注铁心、夹件接地电流的数值变化。

(2) 当接地电流超过 100 mA 时应引起注意，缩短测试周期，注意接地电流与负荷的关系，当怀疑有铁心多点间歇性接地时可辅以在线检测装置进行连续检测，对于厂家接地电流有特殊说明的，应现场按照厂家规定进行，并将此内容在现场规程中注明；同步开展油色谱分析，严重时应采取措施及时处理。

3. 检修策略

(1) 停电试验应分别测量铁心对地、夹件对地、铁心对夹件之间的绝缘电阻；发现异常时，可施加不同量程试验电压或用万用表进行复测。

(2) 若发现铁心、夹件接地电流超标而又不能及时停电处理，可采取串接限流电阻的临时措施，并加强油色谱跟踪。

(四) 套管引出线与导电杆接触不良发热

1. 案例情况

2020 年 12 月，某变电站 2 号主变乙炔及总烃含量异常，跟踪复测特征气体均呈增长趋势。主变型号为 SFPS9-120000/220，生产厂家为 ABB 配电变压器(合肥)有限公司，出厂日期为 1996 年 10 月 10 日。

电气试验结果显示低压侧绕组直流电阻不平衡率超标。放油打开低压套管手孔发现低压侧 A 相和 C 相引线接头有明显烧蚀，C 相相对严重，处理后直阻正常(图 3.25)。

图 3.25　处理前低压侧引线连接部位烧蚀/处理后对比

原因分析：主变低压绕组引线与低压套管连接处在长期运行振动下发生松动，接触不良，导致运行过程中发热。

2. 运维策略

(1) 及时关注油色谱在线监测的数值变化，当发现色谱异常时，应立即取油样分析比对，并进行油色谱跟踪。

(2) 加强对主变套管三相红外测温检测比对，当套管温度异常时，可结合历年的直流电阻测试数据进行分析判断。

3. 检修策略

(1) 结合主变停电试验,加强直阻试验数据比对判断,结合历年的直流电阻测试数据进行分析比较,有微小变化应复测核实确认。

(2) 按照规程定期开展绝缘油试验,注意乙炔、氢气或者总烃含量的变化趋势。对异常油色谱数据开展特征气体、三比值、气体增长率等分析,当故障类型判断为高温过热时,可结合红外测温进行综合判断。

(五) 主变温包护套冻裂漏油

1. 案例情况

2021 年 1 月,某变电站 1 号主变本体顶部渗漏油严重,且变压器本体油枕油位已低于对应温度曲线值,现场检查发现渗漏点为变压器本体顶部温包与本体连接处。主变生产厂家为 ABB 配电变压器(合肥)有限公司,型号为 OSSZ-180000/220,投运日期为 2011 年 12 月。

原因分析:主变近期处于停运状态,加上持续低温天气,温包密封不严进水,结冰膨胀,导致温包护套开裂,造成本体油外漏(图 3.26)。

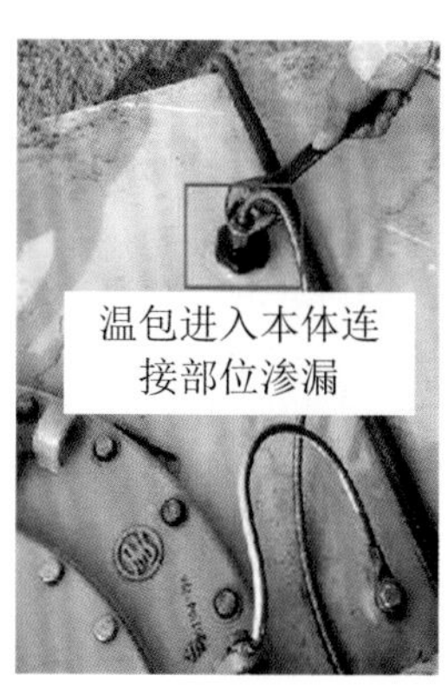

图 3.26 渗漏油情况/温包护套底部冻裂

2. 运维策略

(1) 加强恶劣天气、特殊工况下主变特巡工作(包含停运主变),着重检查充油设备渗漏油、外观及本体油枕油位检查。

(2) 在设备采购阶段,建议增加温度计温包的防雨设施。

3. 检修策略

(1) 结合主变停电检修,对没有防雨措施的温度计温包进行完善改造。

(2) 停电检修时应检查传感器温包的密封情况;定期对传感器温包的密封材料进行更换。

二、以山东达驰变压器厂生产的变压器为例

（一）变压器抗短路能力不足

1. 案例情况

2020 年 2 月，某变电站 2 号主变低压侧后备保护、差动保护、本体轻瓦斯及重瓦斯动作。主变型号为 SFSZ10-180000/220，生产厂家为山东达驰变压器厂，出厂日期为 2008 年 11 月。

现场发现主变本体油色谱超标、低压绕组直阻不合格、主变低压侧开关柜内有明显放电灼烧痕迹(图 3.27)。

图 3.27　C 相低压线圈

原因分析：主变低压侧开关柜母排绝缘护套盒卡扣异常脱开，引起开关柜高阻接地，逐步演变为开关柜三相短路故障，在持续较大的故障短路电流冲击下主变低压侧绕组损坏。

2. 运维策略

(1) 加强变压器三侧设备巡视，检查母线电压数值、中低压侧开关柜运行情况，避免开关柜内放电引起故障。做好变压器近区及出口短路记录，包括短路波形、短路电流、短路时长等信息，注意短路累积效应信息收集。

(2) 加强巡视，及时关注油色谱在线监测的数值变化。当发现色谱异常时，应立即取油样分析比对，并进行油色谱跟踪监测。

3. 检修策略

(1) 重点关注 2008 年左右出厂的山东达驰变压器厂的该类型产品，结合停电

开展直流电阻、变比、变压器绕组频响法绕组变形及低电压短路阻抗试验。

(2) 对该型号变压器开展抗短路能力校核,根据校核情况,结合当地短路电流水平和设备的实际情况有选择性地采取完善绝缘化措施、加装中性点小电抗、限流电抗器、中压侧分裂运行、返厂改造等措施,合理调整 220 kV 变压器中性点接地方式,降低抗短路能力相对不足变压器的单相接地短路电流水平。

(二) 铁心接地盖板开裂渗油

1. 案例情况

2016 年 2 月,某变电站 2 号主变铁心接地盖板处有裂痕及渗漏油现象(图 3.28),现场对裂缝部位涂胶暂缓渗漏速度。2 号主变型号为 SFSZ10-180000/220,生产厂家为山东达驰变压器厂,出厂日期为 2009 年 11 月,投运日期为 2010 年 1 月。

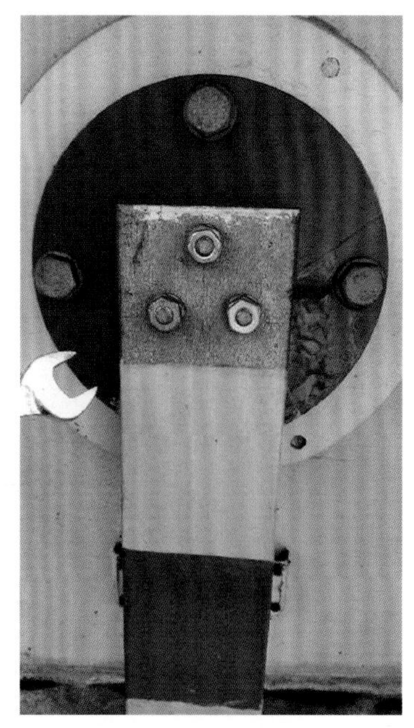

图3.28 铁心接地盖板出现裂缝渗漏油

通过改造更换接地盖板,封堵渗漏,新增接地盒盖,加强防护措施,新盖板的接地与外壳相连实现铁心接地(图 3.29)。

原因分析:主变铁心、夹件接地通过铝排(硬连接)与地网相连,主变长期运行振动,螺栓连接处受力致端子板开裂。

2. 运维策略

对主变各充油部件加强巡视,同一批次的产品未改造前,加强渗漏油巡视和油色谱监测。

3. 检修策略

结合停电对同厂相同铁心、夹件引出结构的产品进行改造。

图 3.29　改装后的铁心接地盖板

三、以山东电力设备有限公司生产的变压器为例

引线与分接开关触头连接处接触不良

1. 案例情况

2019 年 8 月，某变电站 1 号主变油色谱在线监测装置发出异常告警信号。主变型号为 SFSZ10-180000/220，生产厂家为山东电力设备有限公司，出厂日期为 2010 年 3 月。

油色谱检测主要特征气体为乙烯和甲烷，CO 和 CO_2 的数值跟上次正常情况比较无明显增长，三比值结果为 002，初步判断变压器内部发生了金属高温过热故障。电气试验结果显示，高压C相绕组8档和16档直阻偏大，最大偏差为2.2%；8档比对应的10档直阻偏大2.9%，16档比对应的2档直阻偏大2.4%。对比出厂和交接试验结果在高压绕组C相的8档和16档均存在直阻偏大现象。放油内检发现有载开关C相分接选择器的第8静触头铜表面高温氧化发黑，紧固螺栓松动，且螺栓表面丝牙过热熔化（图3.30、图3.31）。

图3.30 分接开关C8静触头铜表面氧化发黑与正常触头对比图

原因分析：有载开关C相分接选择器的第8触头或者引线接头在多次操作振动后出现松动现象，近期变压器负荷增大，当变压器运行在8档时，松动部位接触不良导致局部过热，引发变压器油色谱异常。

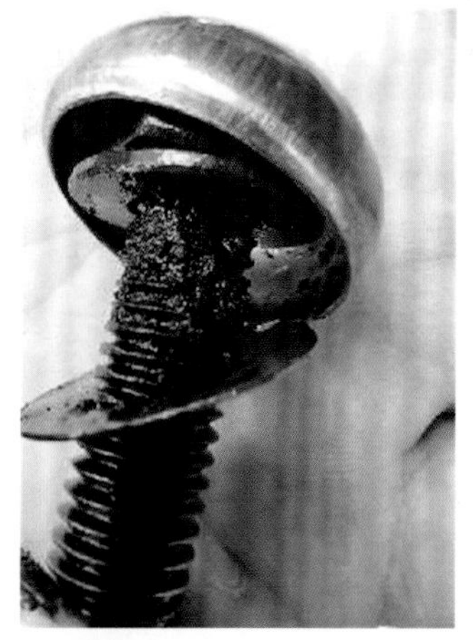

图3.31 紧固螺栓用手即可拧松、螺栓表面丝牙熔化

2. 运维策略

（1）及时关注油色谱在线监测的数值变化，当发现色谱异常时，应立即取油样分析比对,并进行油色谱跟踪监测。

(2) 加强红外测温,并进行分析,及时发现主变内部温度异常。

3. 检修策略

主变停电试验时,应加强直流电阻测试和分析,除了查看三相直流电阻不平衡率是否满足规程外,还需关注各档位之间的电阻差值,并结合历史测试数据进行比对。

四、以常州西电变压器有限责任公司生产的变压器为例

下压绕组制作工艺不良

1. 落千案例情况

2020 年 8 月,某变电站 1 号主变差动保护动作。主变型号为 SFSZ11-240000/220,生产厂家为常州西电变压器有限责任公司,2019 年 9 月生产,2020 年 5 月投运。

现场检查变压器本体未见异常,高中低压侧引线、避雷器等(差动范围内设备)未见异常。本体瓦斯继电器内有气体。故障后油色谱三比值结果为 102,低压绕组直阻不平衡率为 46.48%。解体发现 B 相低压线圈内部分绝缘烧蚀碳化,线饼局部融蚀(图 3.32)。

图 3.32　B 相低压线圈

原因分析:B 相低压线圈烧损 S 弯处导线绝缘外部有杂质异物、匝绝缘破损或导线局部存在质量缺陷,导致变压器运行时该薄弱位置被击穿,引发导线匝间短路,并最终导致跳闸。

2. 运维策略

(1) 及时关注油色谱在线监测的数值变化,当发现色谱异常时,应立即取油样分析比对,并进行油色谱跟踪监测。

(2) 加强红外测温，并进行分析，及时发现主变内部温度异常。

(3) 加强对主变的巡视，关注主变三侧电流、电压的变化情况。

3. 检修策略

(1) 加强对同批次该型号变压器油色谱和局部放电等带电检测。

(2) 结合停电计划，对同批次该型号变压器开展诊断性试验，重点关注低压绕组直流电阻测量情况。

五、以浙江三变科技股份有限公司生产的变压器为例

低压绕组引出线绝缘距离不足

1. 案例情况

2019 年 7 月，某变电站 1 号主变比率差动保护动作。主变型号为 SFSZ10-180000/220，生产厂家为浙江三变科技股份有限公司，出厂日期为 2009 年 7 月，2010 年 6 月投运。检查本体油色谱分析数据异常，低压绕组直流电阻不平衡率达 7.9%。解体检查发现，B 相低压引出线有数根导线熔断，上夹件对应部位放电后出现缺口(图 3.33、图 3.34)。B 相低压引出线与上夹件的距离明显小于 A、C 相的对应距离。B 相各侧线圈经检查均无明显变形。

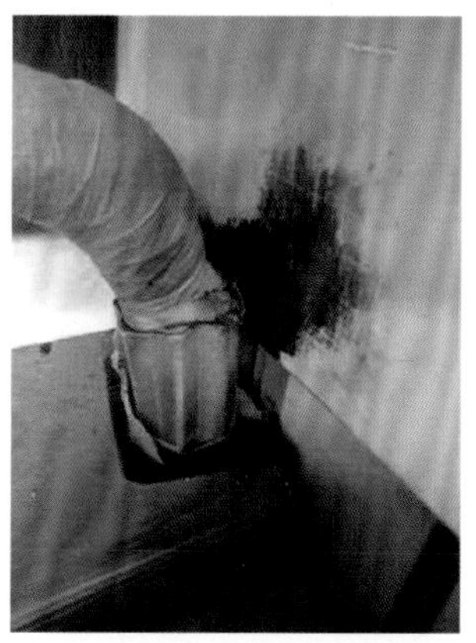

图 3.33　B 相低压绕组上部引出线与上夹件间放电痕迹

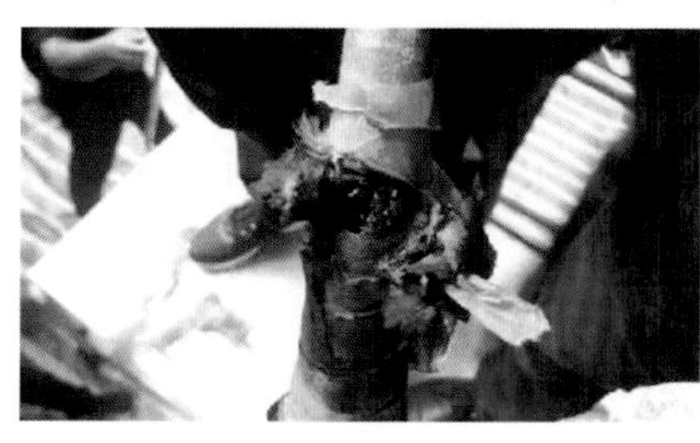
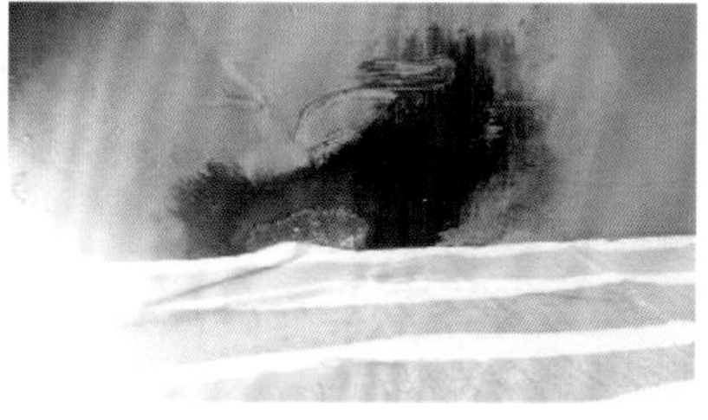

图 3.34　B 相低压绕组上部引出线断股、上夹件对应部位放电后出现缺口

原因分析：故障原因为 35 kV 线路短路后，变压器低压绕组引出线受短路电动力作用产生振动，B 相低压引出线与上夹件的距离明显小于 A、C 相的对应距离，振动导致 B 相低压引线与夹件之间的绝缘距离降低，最终发生 B 相低压引出线对夹件击穿，引出线断股导致低压直阻试验异常。

2. 运维策略

(1) 加强变电站周边环境治理，完善主变中低压绝缘化改造，避免主变近区短路故障。

(2) 及时关注油色谱在线监测的数值变化，当发现色谱异常时，应立即取油样分析比对，并进行油色谱跟踪监测。

(3) 加强主变巡视，关注各侧电流、电压变化情况。

3. 检修策略

(1) 主变短路跳闸后，必须开展设备外观检查、故障录波情况检查、油中溶解气体分析、绕组变形分析、常规电气试验分析。

(2) 基于必做试验和检查项目的单项评估结果，若出现以下情况，可根据现场实际情况开展其他诊断性试验或内检评估：一项及以上单项评估结果为存在异常，并确认设备存在严重绕组变形或放电；一项及以上单项评估结果为存在异常或可能存在异常，未明确设备内部出现严重绕组变形或放电。

(3) 设备短路冲击电流在允许短路电流的 90%以上，或必做检查及试验的单项评估结果中，两项及以上为存在异常或可能存在异常，但未明确设备内部出现严重绕组变形或放电，需开展局部放电试验。

(4) 满足以下任一条件，应组织专家讨论确定是否开展排油内检：① 通过外观检查、故障录波、保护动作情况、油色谱、绕组变形等已确认设备内部出现严重的绕组变形或放电，初步判断放电点可能位于引线、分接开关等易于处理部位；② 局部放电试验结果评估为存在异常，含局部放电水平超标、局部放电试验前后及 24 h 后油色谱异常、局部放电试验过程中高频、特高频和超声等检测手段发现异常。

六、以济南变压器厂生产的变压器为例

线圈未使用自粘换位导线

1. 案例情况

2013 年 12 月，某变电站 1 号主变差动保护动作，跳开主变三侧开关。故障变压器由济南变压器厂于 2009 年 2 月生产，型号为 SFSZ10-150000/220，投运时间为 2009 年 9 月。现场检测发现主变轻瓦斯动作无法复归，主变三侧引线及间隔设备无异常。试验结果显示油中乙炔超标，低压侧线圈直阻线间最大偏差为 0.98%(ab 29.49 MΩ，bc 29.2 MΩ，ca 29.48 MΩ)，接近注意值(1%)；高-低变比：CA/ca 结果不合格，仪器显示超过仪器仪表量程。1 号主变跳闸前，主变低压侧 35 kV 且

两回出线几乎同时接地，造成主变低压侧B相、C相相间短路。

返厂解体检查发现C相低压线圈存在多处形变损坏点。分析故障原因为该厂家针对变压器低压绕组未使用自粘换位导线，绕组抗短路能力不足，在外部短路冲击下发生线圈烧损。

2. 运维策略

(1) 定期开展主变抗短路能力校核工作，首台套主变应开展突发短路试验。

(2) 做好变压器近区及出口短路记录，包括短路波形、短路电流、短路时长等信息，注意短路累积效应。

(3) 加强变电站周边环境治理，完善主变中低压绝缘化改造，主变中低侧出口采用电缆连接时，应采用单芯电缆，运行中的三相统包电缆应进行逐步改造，避免主变近区短路故障。

(4) 及时关注油色谱在线监测的数值变化，当发现色谱异常时，应立即取油样分析比对，并进行油色谱跟踪监测。

3. 检修策略

(1) 主变短路跳闸后，必须开展设备外观检查、故障录波情况检查、油中溶解气体分析、绕组变形分析、常规电气试验分析。短路冲击电流峰值为允许短路电流峰值的50%以上、且同厂家同批次同型号产品(指同设计图号，用于抗短路校核参数完全相同的产品)出现过因近区短路损坏的，应严格开展短路后评估工作，分析再次带电的可行性和安全性，规范技术监督和决策处置主体，防止主变"带病"投运，导致进一步故障。

(2) 济南变压器产品短路后故障率较高，应高度关注。

(3) 当主变短路跳闸后，应按照流程开展检查、试验、评估及处置工作，抓紧建立短路信息档案并提报省公司设备部和电科院。

(4) 加强主变出厂前技术符合性评估，做好关键原材料抽检及质量管控工作。

七、以特变电工沈阳变压器集团有限公司生产的变压器为例

变压器箱体内有异物

1. 案例情况

2021年3月，某变电站2号主变本体在线油色谱出现乙炔告警，主变型号为SSZ-180000/220，生产厂家为特变电工沈阳变压器集团有限公司，出厂日期为2018年12月。

通过检查在线油色谱历史记录，发现近期乙炔数值呈快速增加趋势，内检发现高压侧B相上压板有一尖角金属异物，上压板边缘有绝缘烧蚀点。清除异物并冲洗和清理故障区域后主变恢复投运。

原因分析：结合设备油色谱分析结果与绕组直阻等诊断性试验结果(均正常)，

判断异常原因为金属异物(硅钢片)导致上铁轭与压板间形成放电通道(图 3.35)。

图 3.35 金属异物(硅钢片)在上铁轭与压板间

2. 运维策略

(1) 加强主变出厂前技术符合性评估,督促供应商标准化工艺落实。

(2) 加强设备安装过程管控,强化交接验收质量,确保设备零缺陷投运。

(3) 定期开展主变本体及有载开关油中溶解气体分析,对于色谱异常者,应尽快缩短油色谱在线监测周期至不超过装置最小检测周期并及时开展离线色谱比对,跟踪主变状态。

(4) 内检送电后应持续进行动态一周以上主变动态监测。

3. 检修策略

(1) 通过油中溶解气体分析,如发现乙炔数值呈快速增加趋势,应立即停电开展试验及评估工作,通过历史故障情况、绕组变形等确认设备内部情况,初步判断故障类别和区域,由专家组决策是否开展内检工作。

(2) 内检后需要对内检情况、必做检查、试验以及局部放电试验结果(如果开展了局部放电试验)进行分析,并组织专家进行综合评估。

八、以常州变压器厂生产的变压器为例

铁心和夹件之间存在异物短路

1. 案例情况

2020 年 10 月,某变电站 1 号主变油样中总烃含量异常,当日复测结果基本一致。主变型号为 OSFPS8-120000/220,生产厂家为常州变压器厂,1995 年 3 月出厂。

停电试验发现铁心对夹件绝缘电阻为 0,后用万用表量取其接触电阻为 20 Ω,

铁心对地、夹件对地绝缘电阻均较低，在 10 MΩ 左右。采用电容冲击法尝试将铁心、夹件短接点烧断，随着电容器放电声，听到主变内部有类似金属碰撞的清脆响声，铁心、夹件绝缘电阻恢复正常(图 3.36)。

图 3.36　电容冲击法现场接线情况

2. 运维策略

(1) 运行过程中应定期开展变压器铁心、夹件接地电流测试。结合数据情况综合分析主变状态：① 当变压器铁心接地电流检测结果受环境及检测方法的影响较大时，可通过历次试验结果进行综合比较，根据其变化趋势做出判断；② 数据分析还需综合考虑设备的历史运行状况、同类型设备的参考数据，同时结合其他带电检测试验结果，如油色谱试验、红外精确测温及高频局部放电检测等手段进行综合分析。

(2) 当接地电流超过 100 mA 时应引起注意，缩短测试周期，当怀疑有铁心多点间歇性接地时可辅以在线检测装置进行连续检测。对于厂家有特殊说明的，应现场按照厂家规定进行，并将此内容在现场规程中注明，同时尽快结合停电检查接地情况。

3. 检修策略

(1) 对于油中溶解气体分析发现特征气体数值异常者，应开展色谱复测和铁心电流检测，确定是否停电开展试验及评估工作，通过停电试验初步判断故障类别和区域，采取相应的检修策略。

(2) 对于铁心和夹件之间存在异物短路情况，可咨询电科院采取电容冲击法尝试修复，如未解决则需内检。

九、以烟台东源变压器有限公司生产的变压器为例

升高座流变内部二次接线板断裂

1. 案例情况

2019 年 7 月，某变电站 2 号主变高压侧 C 相升高座流变二次接线盒盖内二次接线板有裂纹，裂纹长约 8 cm(图 3.37)。该变压器由烟台东源变压器有限公司生产，型号为 OSFSZ10-150000/220，生产日期为 2007 年 3 月，2018 年因抗短路能力不足问题由中山 ABB 公司完成绕组改造，外部主要附件未改动。

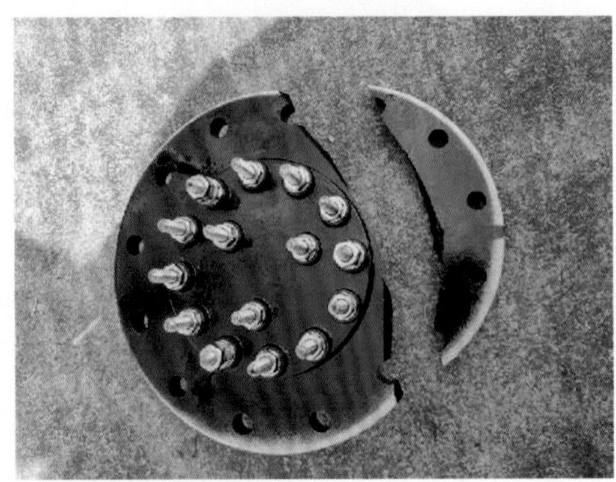

图 3.37 二次接线板断裂情况

原因分析：主变升高座流变内部二次接线板采用脆性材质，在长期户外运行环境中易发生脆性碎裂的情况。

2. 运维策略

(1) 加强对本体套管升高座二次接线盒的巡视检查、红外测温，重点关注有无渗漏油、异常放电声响。

(2) 加强设备验收，对于采用脆性材质的二次接线板建议结合设备检修进行更换改造。

3. 检修策略

(1) 针对同厂家变压器应结合停电对升高座流变二次接线板进行检查。

(2) 主变返厂大修后应全面开展易发生渗漏油部件检查(瓷屏底座、升高座、温包等处)，本体或升高座等充气运输的设备应安装显示充气压力的表计，卸货前应检查压力表指示符合厂家要求，变压器制造厂家应提供运输过程中的气体压力记录；充油运输的本体或升高座设备应检查确认无渗漏现象。

(3) 加强主变返厂或现场大修检修管理，等同新主变开展启动前交接试验等技术监督工作。

第四节　110 kV 变压器

一、以山东达驰变压器厂生产的变压器为例

（一）主变本体有金属异物

1．案例情况

2018 年 1 月，某变电站 1 号主变本体轻瓦斯保护报警。现场检查主变外观、油位正常，本体瓦斯继电器内有气体。该主变为山东达驰变压器厂生产，型号为 SFSZ9-40000/110，2006 年 9 月 28 日投运。

对主变进行电气试验和油色谱试验，试验测试结果均数据合格。油色谱试验结果显示 1 号主变本体内有高温过热缺陷（高于 700 ℃）。返厂吊罩检查发现上铁轭有两处异物：金属异物 1 在主变上夹件中间位置，金属异物 1 的两端有明显的烧灼痕迹，两端已牢固粘连在铁心上；金属异物 2 在主变上夹件靠近有载开关侧位置，金属异物 2 搭接在上夹件和铁心上，外表面无烧灼痕迹（图 3.38，图 3.39，图 3.41）。

图 3.38　1 号主变金属异物 1

图 3.39　1 号主变金属异物 2

原因分析：本次轻瓦斯动作是由金属异物导致硅钢片间局部短路，产生高温，进而促使绝缘油分解产生大量气体引起。金属异物 1、2 半径基本一致，与油箱顶部定位螺孔半径一致，而定位螺孔没有螺纹损伤，故推测是定位螺栓在运输过程中受到上夹件定位孔的挤压，致使部分螺纹变形掉落于器身之中（图 3.40、图 3.41）。

2．运维策略

（1）加强设备到货验收，主变本体运输应安装三维冲击记录仪，三维冲击记录仪就位后方可拆除，卸货前、就位后两个节点应检查三维冲击记录仪的冲击值。

（2）定期开展主变本体及有载开关油中溶解气体分析，对于色谱异常者，应尽快缩短油色谱在线监测周期至不超过装置最小检测周期并及时开展离线色谱比对，发现异常应加强关注，必要时组织开展深入分析。

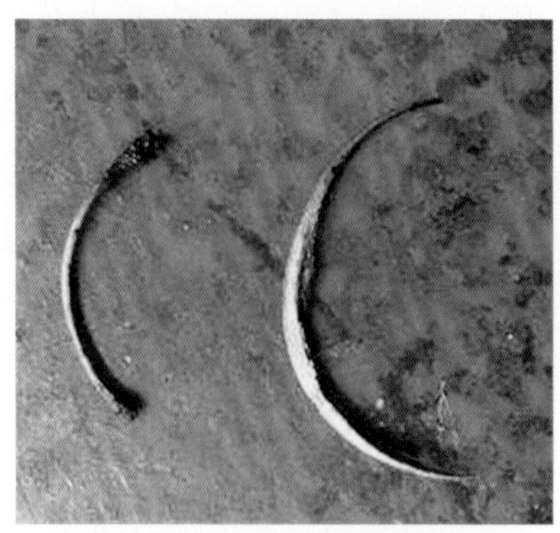

图 3.40　两异物半径基本一致

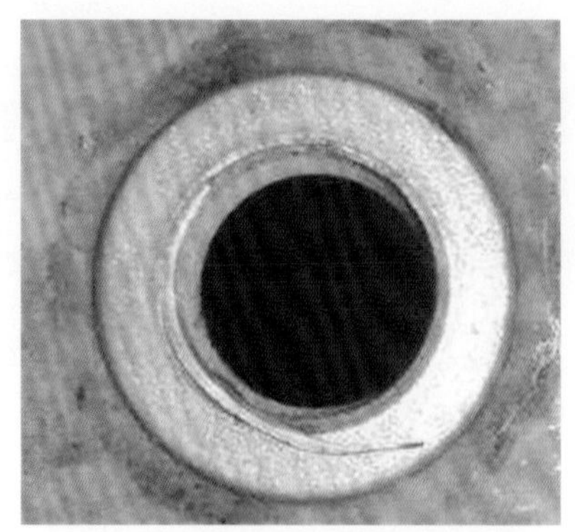

图 3.41　异物 2 与油箱顶部定位螺孔半径基本一致

(3) 加强设备巡视、带电检测，检查集气盒气体量，进行红外测温，及时发现主变内部异常。

3. 检修策略

主变本体轻瓦斯告警信号后，应通过集气盒取气开展成分分析并取本体油样开展油色谱分析，同时注意观察气体继电器内气体量是否有增长趋势。综合历史故障情况、带电检测、停电试验等确认设备内部情况，初步判断故障类别和区域，由专家组决策是否开展内检工作。

（二）主变本体油位计浮球破损

1. 案例情况

2015 年 7 月，某变电站 1 号主变油位计指示为 0，主变型号为 SFSZ9-40000/110，山东达驰变压器厂生产，于 2006 年 5 月 31 日投运，储油柜为胶囊式。

经红外测试，油枕油位在 1/3 处。7 月 10 日，1 号主变停电对储油柜进行内部检查，发现浮球内进油。判断储油柜油位指示为 0 是由于胶囊未完全胀开，油位表指示浮球被卷入褶皱，绝缘油进入浮球，浮球过重下沉到储油柜底部所致(图 3.42)。

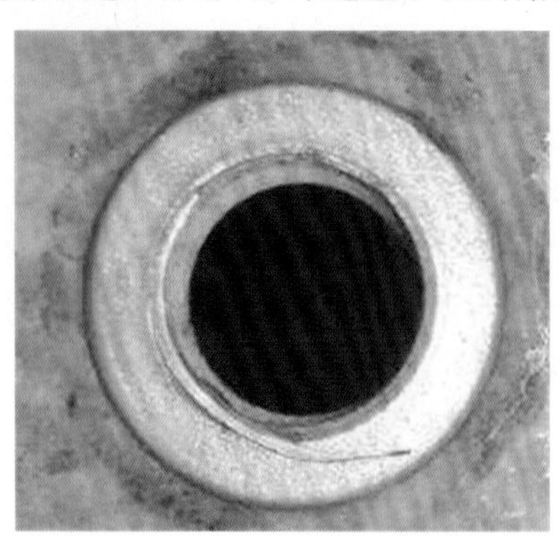

图 3.42　储油柜破损浮球

对浮子、连杆进行更换，复装油位表，对胶囊充气使其完全舒展，按照油位曲线补油至正常油位，检查实际油位与油位表指示一致后，主变恢复正常运行。

2. 运维策略

(1) 加强对主变油位、渗漏油巡视、红外测温，依据油温、油位曲线判断油位指示状态。

(2) 加强对变压器油温、油位、负荷、冷却器运行等情况进行比对分析，检测变压器油位计指示是否正常。

3. 检修策略

(1) 胶囊在安装前应在现场进行密封试验，如发现有泄漏现象，需对胶囊进行更换。对胶囊式储油柜，需打开胶囊和储油柜的连通阀，真空注油后关闭。胶囊密封式储油柜注油时，打开顶部放气塞，直至冒油后立即旋紧放气塞，再调整油位，以防止出现假油位。

(2) 新投运或开展胶囊大修后应校核油位计刻度。

(3) 运行超过 15 年的变压器(电抗器)储油柜胶囊应结合停电逐年进行更换。

二、以吴江变压器有限公司生产的变压器为例

变压器绕组抗短路能力不足

1. 案例情况

2016 年 4 月，某变电站某线路保护过流Ⅰ段动作跳闸，约 2 s 后重合闸动作合闸于永久性故障，过流Ⅰ段再次动作跳闸；约 5 s 后 2 号主变本体轻瓦斯动作发信，又经过过约 2 s 后 2 号主变本体重瓦斯动作跳闸。该主变型号为 SZ11-50000，由吴江变压器有限公司于 2009 年 4 月生产，2009 年 6 月投运。现场检查，初步判断 C 相低压绕组固体绝缘受到严重破坏并出现匝间短路。

4 月 27 日，对该主变进行返厂解体分析。经检查，故障主变 C 相低压线圈上部第一个 S 弯换位处匝间短路、烧毁(图 3.43)，上部两饼线圈出现倒塌、变形；上部绝缘压板有两处明显开裂、翘起；C 相高低压绕组表面有大量铜渣，部分绝缘件受到污染。C 相高低压线圈均未发现明显的幅向变形。

原因分析：低压线圈采用非自粘换位导线，抗短路能力校核显示低压绕组压应力略低于 GB 1094.5—2008 标准要求，而且此次故障起始阶段最大短路电流峰值又高达 38 kA，再加上变压器短时间内连续承受两次近区短路电流冲击，变压器绕组导线性能短时间难以恢复，导致线圈击穿放电。

2. 运维策略

(1) 定期开展主变抗短路能力校核工作，首台套主变应开展突发短路试验。

(2) 做好变压器近区及出口短路记录，包括短路波形、短路电流、短路时长等信息，注意短路累积效应。

图 3.43　C 相低压线圈在上部第一个 S 弯换位处匝间短路、烧毁

（3）加强变电站周边环境治理，完善主变中低压绝缘化改造，主变中低侧出口采用电缆连接时，应采用单芯电缆，运行中的三相统包电缆应进行逐步改造，避免主变近区短路故障。

（4）定期开展主变本体及有载开关油中溶解气体分析，对于色谱异常者，应尽快缩短油色谱在线监测周期至不超过装置最小检测周期并及时开展离线色谱比对，跟踪主变状态。

3. 检修策略

（1）主变短路跳闸后，必须开展设备外观检查、故障录波情况检查、油中溶解气体分析、绕组变形分析、常规电气试验分析。

（2）短路冲击电流峰值为允许短路电流峰值的 50%以上且同厂家同批次同型号产品（指同设计图号，用于抗短路校核参数完全相同的产品）出现过因近区短路损坏的，应严格开展短路后评估工作，分析再次带电的可行性和安全性，规范技术监督和决策处置主体，防止主变“带病”投运，导致进一步故障。

（3）应按照流程开展检查、试验、评估及处置工作，抓紧建立短路信息档案并提报省公司设备部和电科院，加强关键原材料电磁线材质评估和抗突短能力校核，整体提升新投运主变抗短路能力。

三、以青岛变压器厂生产的变压器为例

变压器绕组抗短路能力不足

1. 案例情况

2020 年 5 月某日，某变电站某线路发生 B 相短路故障，12 时 27 分，过流Ⅱ段动作跳闸重合成功；12 时 44 分，过流Ⅱ段动作跳闸重合不成功。14 时 08 分，站外故障排除，调度试送线路过流Ⅱ段加速动作跳闸，并发现 35kVⅠ段母线电压异常，

A 相 26.4，B 相 30.06，C 相 10.9。

主变型号为 SFSZ8-31500/110，生产厂家为青岛变压器厂，1996 年 12 月 1 日投运。停电试验发现变压器中低压绕组绝缘电阻不合格，油色谱分析结构显示总烃、乙炔、氢气含量超标。现场吊罩检查发现 C 相压实绕组的垫块脱落较多(图3.44)。B、C 两相绕组之间固定绕组的另一侧上压板断裂、掉落(图 3.45)。

图 3.44　C 相压实绕组的垫块脱落较多

图 3.45　B、C 两相绕组之间固定绕组的另一侧上压板断裂、掉落

原因分析：线路短路接地故障，电缆三相均已灼烧断裂，该主变 B、C 相绕组承受了很大的电动力，导致绕组压块断裂、垫块松动脱落。绕组移位导致放电、绝缘下降。

2. 运维策略

(1) 定期开展主变抗短路能力校核工作，首台套主变应开展突发短路试验。

(2) 做好变压器近区及出口短路记录，包括短路波形、短路电流、短路时长等信息，注意短路累积效应。

(3) 加强变电站周边环境治理，完善主变中低压绝缘化改造，主变中低侧出口采用电缆连接时，应采用单芯电缆，运行中的三相统包电缆应进行逐步改造，避免主变近区短路故障。

(4) 定期开展主变本体及有载开关油中溶解气体分析，对于色谱异常者，应尽快缩短油色谱在线监测周期至不超过装置最小检测周期并及时开展离线色谱比对，跟踪主变状态。

3. 检修策略

(1) 主变短路跳闸后，必须开展设备外观检查、故障录波情况检查、油中溶解气体分析、绕组变形分析和常规电气试验分析。

(2) 短路冲击电流峰值为允许短路电流峰值的 50%以上，且同厂家、同批次、同型号产品(指同设计图号，用于抗短路校核参数完全相同的产品)出现过因近区短路损坏的，应严格开展短路后评估工作，分析再次带电的可行性和安全性，规范技术监督和决策处置主体，防止主变“带病”投运，导致进一步故障。

(3) 应按照流程开展检查、试验、评估及处置工作，抓紧建立短路信息档案并提报省公司设备部和电科院，加强关键原材料电磁线材质评估和抗突短能力校核，整体提升新投运主变抗短路能力。

四、以特变电工沈阳变压器集团有限公司生产的变压器为例

夹件支板固定螺栓脱落

1. 案例情况

2020 年 3 月，某变电站 1 号主变开展变压器油色谱分析，发现油中乙炔含量明显超标，总烃超标，主要特征气体为乙烯、甲烷、氢气和乙炔，变压器内部可能存在过热和电弧放电。复测油色谱数据有增长，铁心、夹件接地电流与红外测温均合格，将主变转为空载运行，空载运行后连续多次测试色谱数据无明显增长。该主变为特变电工沈阳变压器集团有限公司 2010 年 7 月生产的产品，型号为 SFSZ11-63000/110，出厂编号为 10B03331。

返厂发现在主变 C 相绕组上方的夹件支板有一颗固定螺栓已脱落，脱落的螺栓、垫片掉落在 C 相绕组上压板的上表面，脱落螺栓与垫片均有明显烧蚀痕迹，在垫片掉落位置上方的铁心柱表面有两处明显烧蚀痕迹，垫片与压板接触面有碳化痕迹。其余支板固定螺栓同样存在松动情况，用扳手可以扭动。

原因分析：厂家的夹件支板固定螺栓选用的垫片较厚(3 mm)，难以压紧，在主变运行状态下受振动影响，螺栓和垫片逐步脱落，掉落至 C 相绕组上压板并与铁心柱接触，硅钢片表面局部短路形成环流发热，造成变压器油色谱异常(图 3.46、图 3.47)。

图 3.46　夹件支板固定螺栓选用的垫片较厚

图 3.47　掉落的螺栓和垫片

2．运维策略

（1）加强运行巡视与带电检测工作，要充分利用油色谱在线监测等技术手段。

（2）对于色谱异常者，应尽快缩短油色谱在线监测周期至不超过装置最小检测周期并及时开展离线色谱比对，跟踪主变状态。

3．检修策略

（1）严格按周期开展变压器油色谱分析，首次发现乙炔或者乙烯含量有明显增长趋势时应及时上报并加强跟踪。

（2）推进主变技术符合性评估工作，加强供应商产品质量管控水平评估，针对与申报产品直接相关的供货能力、原材料及供方管理、车间环境管理、生产设备与仪器仪表管理、设备改进能力等方面对供应商的产品质量管控水平进行评估。

第四章　变压器套管典型案例

第一节　1000 kV 套管

以意大利 P&V 公司生产的套管为例

高压套管端子受力变形

1. 案例情况

2019 年 5 月，某变电站发现 1 号、2 号主变高压套管顶部接线柱存在明显变形导致偏移角度较大且端部法兰盘不平整（图 4.1）。主变生产厂家为保定天威保变电气股份有限公司，型号为 ODFPS-1000000/1000，生产日期为 2012 年 12 月。高压套管生产厂家为意大利 P&V 公司，型号为 PNO. 1100. 2500，生产日期为 2012 年 3 月。

图 4.1　高压套管顶部接线柱变形偏移

测量结果显示，1 号主变 A 相、2 号主变 A 相、2 号主变 B 相高压套管接线柱偏移角度较大且端部法兰盘不平整。经焊缝探伤检查，未发现异常。后经意大利 P&V 公司确认，三相套管可以运行，但强烈建议在下次停电期间进行端子改造或者采取加固措施并更改高压套管与高压侧避雷器的接线形式。2020 年 4 月至 5 月开展主变意大利 PV 高压套管反措工作，主要措施如下：

(1) 套管安装一字板加固装置。

(2) 将变压器高压侧避雷器一次引线从套管一次引线上改接至高压侧跨线上。

原因分析：高压套管顶部接线柱长期受高压侧避雷器一次引线拉力作用，受力不平衡导致变形。

2. 运维策略

(1) 加强运行巡视，尤其是大风天气后，应重点对套管端子进行巡视，检查是否有外力变形、渗漏油等情况。

(2) 在设备验收阶段，建议开展对变电站（高抗）套管类端子受力情况检测，核算变压器（高抗）套管外部引流线（含金具）对套管接线端子作用力，套管接线柱和端子板应采用长期可靠运行的结构形式和材质，检查主变高压侧一次引线的接线形式，避免出现不合理的接线导致高压套管接线端子横向异常受力。

3. 检修策略

(1) 对意大利 PV 高压套管开展反措工作，结合停电对套管安装一字板加固装置。

(2) 将变压器高压侧避雷器一次引线从套管一次引线上改接至高压侧跨线上。

第二节　500 kV 套管

一、以英国传奇公司生产的套管为例

(一) 高压套管雨闪

1. 案例情况

2014 年 9 月，某变电站 3 号主变差动速断保护动作，三侧开关跳闸，3 号主变无功自投切装置动作。

经检查发现主变 A 相高压套管油枕下沿、底座法兰部位有明显的放电痕迹，高压套管上瓷套有 3～4 片、下瓷套有 2～3 片伞裙表面釉层有电弧灼伤痕迹，瓷套中间部分未发现明显爬电或放电痕迹(图 4.2～图 4.5)。套管生产厂家为英国传奇公司,型号为 500HC517,生产日期为 1995 年。

图 4.2　套管油枕下沿放电痕迹

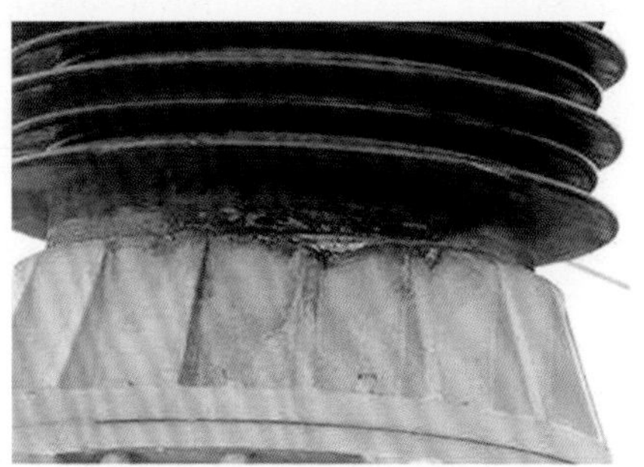

图 4.3　套管下部法兰放电痕迹

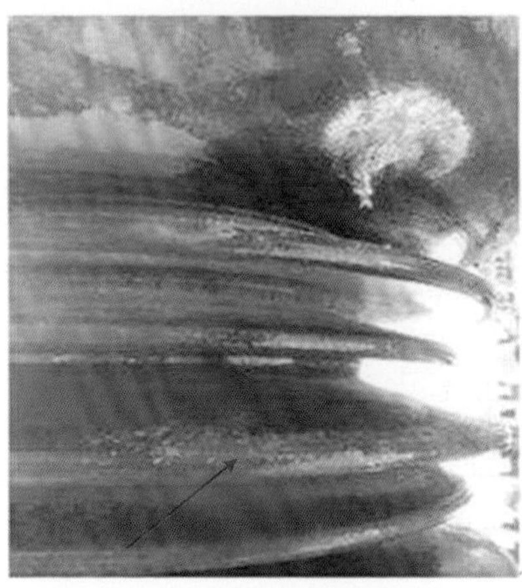

图 4.4　套管油枕下部以及上瓷套 3～4 片伞裙电弧灼伤情况

图 4.5　下瓷套 2～3 片伞裙及下法兰电弧灼伤情况

原因分析:主变跳闸前,现场为中到大雨且局部有大风天气,造成雨水在高压 A 相套管迎风侧表面形成连续或接近连续的水柱,将伞裙表面的爬电距离进一步缩短引发闪络。

2. 运维策略

(1) 对于加装硅橡胶伞裙套后设备,应加强检查维护工作,注意粘结面的粘结质量;停电时还应检查粘结面的腐蚀情况。

(2) 在设计、基建阶段,应尽量避免选择符合雨闪事故特征的设备。不仅要注意产品的外绝缘耐污闪要求,而且还要充分考虑伞裙形状等对外绝缘的影响。如果安装高度能满足要求,应尽量避免选择伞裙密集的绝缘子。

3. 检修策略

(1) 结合停电开展变压器套管外观检查并清扫。

（2）针对英国传奇公司同型号的套管，应结合主变停电，采取加硅橡胶伞裙套等措施，防止污秽闪络。在严重污秽地区运行的套管采用瓷绝缘子外套时应喷涂防污闪涂料，采用空心复合绝缘子外套时可采取加装增爬裙等措施，防止外绝缘闪络。

二、以西安西电电瓷电器厂生产的套管为例

（一）套管多次出现油位偏低现象

1. 案例情况

某变电站1号主变自投运后多次发生B相高压套管油位低现象，经过专业跟踪及诊断，分析为套管与变压器本体存在内渗。2015年1月至2月对主变B相高压套管进行更换。主变生产厂家为西安西电变压器有限公司，型号为ODFS-250000/500，生产日期为2013年8月；套管生产厂家为西安西电电瓷电器厂，型号为BRDL2W-550/1250-4，生产日期为2013年7月。

原因分析：套管与变压器本体存在内渗，导致套管油位低。

2. 运维策略

（1）运行巡视应检查并记录套管油位情况，应定期使用红外测温对其套管表面温度进行记录，加强数据比对分析，及时发现套管油位异常缺陷。

（2）当套管渗漏油时，应立即处理，防止内部受潮损坏。

3. 检修策略

当发现套管油位低时，应缩短周期重点对其进行红外检测，注意三相套管对比，结合实际情况尽快安排停电处理。

（二）套管乙炔超标

1. 案例情况

2020年12月，某变电站2号主变中压侧备用套管及C相中压套管取油样进行油色谱分析，中压侧备用套管油中特征气体乙炔为0.07 μL/L，C相中压套管油中特征气体乙炔为0.14 μL/L，具体数据如表4.1和表4.2所示。

表4.1　主变中压侧备用套管油色谱试验结果　单位：(μL/L)

H_2	CO	CO_2	CH_4	C_2H_4	C_2H_6	C_2H_2	总烃
0	12.66	195.72	0.62	0.06	0.14	0.07	0.89

表4.2　主变C相中压套管油色谱试验结果　单位：(μL/L)

H_2	CO	CO_2	CH_4	C_2H_4	C_2H_6	C_2H_2	总烃
0.51	17.82	211.92	0.93	0.09	0.16	0.14	1.32

该主变中压备用套管为西安西电高压套管有限公司生产，产品代号 60892.1，型号 BRDLW-550/5000-4，生产日期为 2020 年 8 月。C 相中压套管为西安西电高压套管有限公司生产，产品代号为 60892.1，型号为 BRDLW-550/5000-4，生产日期为 2020 年 7 月。返厂解体检查发现套管油枕底孔和电容芯子上端导电管外表面有摩擦和疑似发黑放电痕迹；同时发现中压备用套管的油枕内孔以及导电管表面存在金属凸起部分，分析可能由于放电侵蚀造成（图 4.6）。载流管与油枕底板内孔间隙小（2 mm）且无隔离措施，易造成放电。

图 4.6　导电管痕迹摩擦和放电痕迹

原因分析：套管载流管与油枕底板内孔间隙小（2 mm）且无隔离措施，装配过程可能存在导电管不对中导致间隙更小的情况，距离过小造成放电。

2. 运维策略

（1）针对此类套管，建议制造厂提高生产工艺，加强管控。同时建议公司组织专家对该套管进行驻场监造，严把制造工艺质量。

（2）加强运行巡视与带电检测工作，要充分利用红外测温等技术手段，重点关注套管导电杆与将军帽连接处的温度及套管整体精确测温情况。

（3）加强套管油位巡视，油位变化异常时应及时跟踪。

（4）利用套管末屏监测装置，实时监测套管运行工况，发现数据异常时，及时分析上报，必要时申请停电检修。

3. 检修策略

（1）新投运套管在试运行后应取套管油样。

（2）停电试验及检查，重点开展套管相关试验，严禁以绕组连同套管的电容量及介损试验代替套管一次对末屏、末屏对地试验，要确保试验项目齐全、数据准确，并结合停电试验机会，重点检查金属膨胀器顶部螺帽、密封件等部位的密封情况，停电期间应取油样，乙炔含量异常时应及时更换套管。

（3）利用停电检修期间加装套管末屏在线监测装置，实时监测套管介损、电容量等数据。

三、以日本NGK公司生产的套管为例

套管注油口缺少密封垫

1. 案例情况

2016年12月，某变电站某线第一套、第二套线路保护、某线并联电抗器重瓦斯保护相继动作跳闸（图4.7）。该高抗生产厂家为天威保定变压器有限公司，型号为BKDK-40000/525，出厂日期为2008年1月；高压套管生产厂家为日本NGK公司，型号为R-C65506-FE，出厂日期为2008年6月。

图4.7 高抗套管故障情况

从保护动作情况和录波图可以看出，故障切除前，高抗套管CT三相电流均显示正常，无故障电流。故障时刻，高抗保护无差流，故障点不在高抗内部。经过分析认为，本次故障跳闸的故障点为该高抗B相高压套管，相关保护均正确动作（图4.8）。高抗重瓦斯动作是由于套管爆裂时引起油流涌动而导致。

对故障套管进行解体检查后分析认为，故障起始部位为套管顶端向下1.5～4 m（套管总长7.7 m），属于高位起火。

原因分析：综合现场一二次设备检查情况、保护动作记录、高抗历次停电例行试验数据、带电检测/在线监测数据，非故障相（A、C相）套管注油口检查情况（未发现橡胶密封垫，咨询国内主流套管生产厂家，该部位均设置橡胶密封垫），判断故障原因为近期恶劣天气导致套管注油孔密封失效，套管内部受潮、主绝缘性能下降，最终发生爆裂。

2. 运维策略

（1）运行巡视应关注套管油位、带电检测和在线监测数据。若有异常及时反

图 4.8 故障套管

馈检修部门等待进一步检查处理，期间运行人员加强跟踪。

(2) 在设备验收阶段，检查套管注油口、取油样口等密封是否良好，密封圈材质是否符合要求。

3. 检修策略

应结合停电检修检查套管上部注油孔是否存在渗漏情况，如打开密封面检查发现密封圈变形、老化，或不满足制造厂家要求时应更换新的密封圈。

四、以 ABB 配电变压器(合肥)有限公司生产的套管为例

套管绝缘油乙炔超标

1. 案例情况

2019 年 5 月，某变电站 1 号主变 ABB GOE 型套管反措排查中发现 1 号主变 C 相套管绝缘油乙炔含量 59 μL/L，超过注意值 1 μL/L；2 号主变 ABB GOE 型套管反措排查中发现 2 号主变 C 相套管绝缘油乙炔含量 2.6 μL/L，超过注意值 1 μL/L。该主变型号为 OSFPS-1000000/500，生产厂家为中国常州东芝变压器有限公司，投运日期为 2018 年 5 月。主变采用 ABB 配电变压器(合肥)有限公司生产的套管，型号为 GOE1675-1300-2500-0.6 LF121076-HZ。

2019 年 5 月至 6 月，对两台主变 C 相套管进行更换。经解体检查，1 号主变 C 相高压套管放电位置在定距环与弹簧压板之间，以及弹簧压板与弹簧导向杆之间；2 号主变 C 相高压套管放电位置在弹簧压板与弹簧导向杆之间(图 4.9、图 4.10)。

原因分析：两根套管的弹簧压板和导向杆均存在放电痕迹，弹簧锅与油枕内部处于极弱电场内，并且浸没在油中通常不会引起间隙放电，但当材料尺寸或安装存在偏差，在经受雷电冲击或暂态过电压时，可能会引起该部位电压差增加，特别是

倾斜安装的套管，该部位局部可能暴露在气室里，放电的可能性增大。

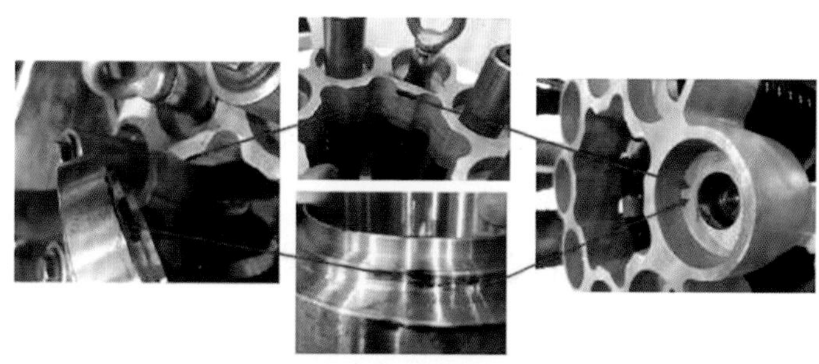

图 4.9　E2017～0306 套管拆解过程中，发现弹簧导向杆之间同样存在几处放电点

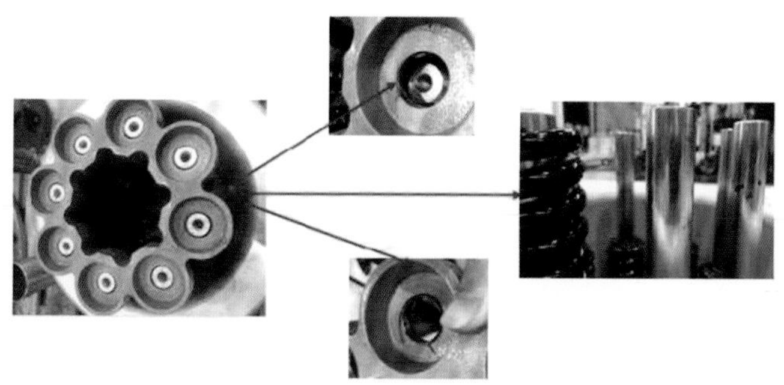

图 4.10　套管放电位置

2. 运维策略

(1) 针对此类套管，建议制造厂提高生产工艺，加强管控。同时建议公司组织专家对该套管进行驻场监造，严把制造工艺质量。

(2) 加强运行巡视与带电检测工作，要充分利用红外测温等技术手段，重点关注套管导电杆与将军帽连接处的温度及套管整体精确测温情况。

3. 检修策略

针对 ABB GOE 型套管，结合主变停电试验取套管油样进行油色谱检测，乙炔超标套管应及时更换。

第三节　220 kV 套管

一、以 ABB 配电变压器(合肥)有限公司生产的套管为例

套管拉杆上部螺丝紧固不到位

1. 案例情况

2017 年,某变电站 2 号主变油化验发现 C 相主变乙炔值及总烃值明显增加。2018 年,该主变 C 相中压套管存在短时“啪啪”放电声。红外测温中,该相套管瓷套部分较正常相整体高 2 ℃左右、将军帽部分较正常相整体高 7 ℃左右,与前期检测数据对比有增长趋势,如图 4.11、图 4.12 所示。

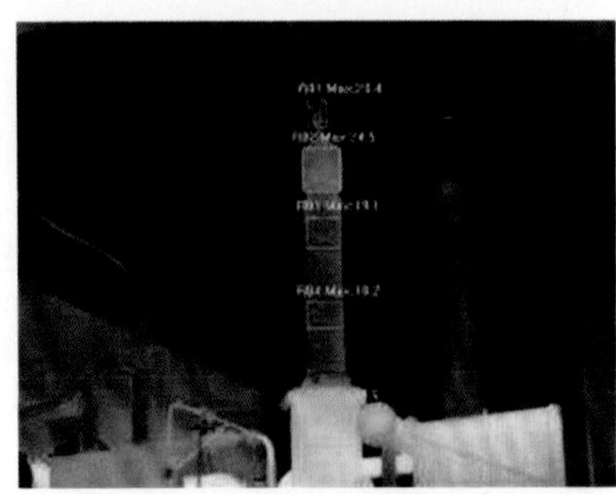

图 4.11　C 相中压套管红外图谱

图 4.12　C 相中压套管可见光图

该主变 C 相型号为 ODFS-334000/500,由西安西电变压器有限责任公司生产,2015 年 12 月 22 日投运。C 相中压套管型号为 GOE 1050-750-5000-0.6,结构为拉杆式,由 ABB 配电变压器(合肥)有限公司生产,2014 年 11 月出厂。

拆开 2 号主变 C 相中压套管顶部接线板,检查发现该相套管拉杆上部螺丝紧固不到位。紧固之前拉杆露出螺丝高度 15 mm,紧固之后露出 25.7 mm,处理前后的拉杆出扣尺寸如图 4.13 所示。

将套管吊出后,检查发现套管底部连接座与中心导管接触面存在发黑迹象,进一步验证了 C 相中压套管由于拉杆紧固不到位,导致套管底部连接座与中心导管之间接触不良,局部高温过热引起变压器油色谱异常(图 4.14)。

该主变 C 相中压套管为 ABB 公司 GOE 型拉杆式套管,该套管的中心导管用来导流,变压器引线通过螺栓固定在底部连接座上。中心导管与底部连接座通过拉杆拉紧,确保与套管中心导管的下端紧密接触。套管安装到变压器上时,拉杆上部通过螺栓固定在套管外部端子下面的弹性装置上。拉杆式套管结构示意图如图

图 4.13　套管处理前拉杆螺栓出扣 15 mm/复紧后螺栓出扣 25.7 mm

图 4.14　套管中心导管和底部连接座发黑

4.15 所示。

原因分析：C 相中压侧套管拉杆上部螺丝紧固不到位，拉杆拉紧力不足导致套管底部连接座与中心导管接触不良，接触面异常发热，一方面引起铜导体表面氧化发黑，另一方面致使变压器油高温分解、油中特征气体含量异常增长。

2. 运维策略

(1) 加强运行巡视与带电检测工作，要充分利用红外测温等技术手段，重点关注套管导电杆与将军帽连接处的温度及套管整体精确测温情况。

(2) 严格按照输变电设备状态检修试验规程，开展油浸式电力变压器和电抗器的"油中溶解气体分析"等例行试验项目。若有增长趋势，即使小于注意值，也应

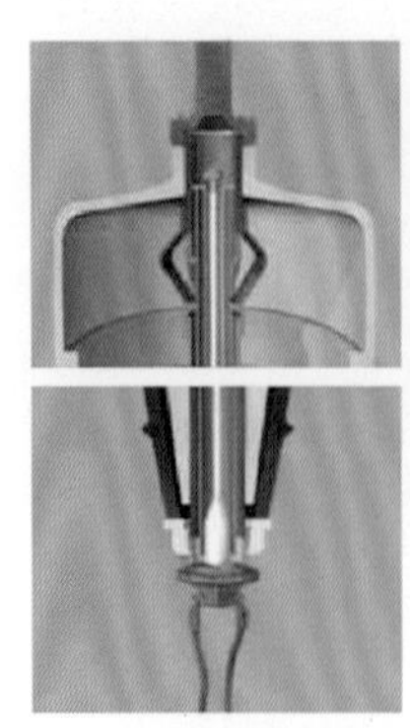
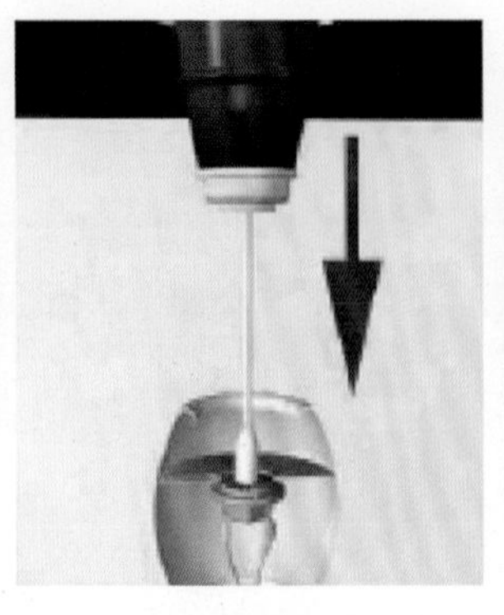

图 4.15　拉杆式套管结构示意图

缩短试验周期。

3. 检修策略

(1) 拉杆式套管内部结构复杂，拉杆紧固时如果拉力不够，投入运行则会酿成事故，现场装配中应严格按照说明书规定进行装配。GOE 套管安装时应严格测量 a、b 值。紧固拉杆具体过程如下：在紧固拉杆上部的螺母时，当力矩达到 10 Nm 时，测量从螺母顶部到螺杆顶部的数值记录为 a，然后再继续旋紧螺母；当力矩为 70～140 Nm 时，测量从螺母顶部到螺杆顶部的数值记录为 b，当 b－a 符合说明书规定的值时，证明拉杆已经符合要求。

(2) 结合主变停电开展主变及套管相关例行试验，重点关注直阻数据。

二、以西安西电电瓷电器厂生产的套管为例

套管固定末屏有机玻璃套开裂

1. 案例情况

2015 年 9 月，某变电站 2 号主变套管末屏绝缘和介损测试时均不合格，检查发现高中压套管固定末屏的有机玻璃套存在严重的开裂现象(图 4.16)。套管型号为 BRDL2-220/630(220 kV 套管)、BRDL2-110/630(110 kV 套管)，生产厂家为西安西电电瓷电器厂，出厂日期为 1998 年。

该类型末屏采用的是外置式结果，末屏接地引出线穿过小瓷套通过引线螺杆引出，外部通过接地金属连接片连接，其末屏引出螺杆最外侧有一固定末屏用的有机玻璃套均出现不同程度的裂化现象，造成试验人员在进行套管末屏绝缘和介损测试时均不合格。后检修人员及时对该有机玻璃套进行了尺寸测量，购买有机玻璃材料并用车床进行精加工，对该主变 220 kV 及 110 kV 套管固定末屏用的有机玻璃套进行了更换处理，并重新进行绝缘和介损测试后合格。

原因分析：固定末屏用的有机玻璃套出现裂化致其绝缘严重下降，当测量套管

末屏绝缘和介损时，相当于回路中并联了此玻璃套，造成了末屏试验不合格。

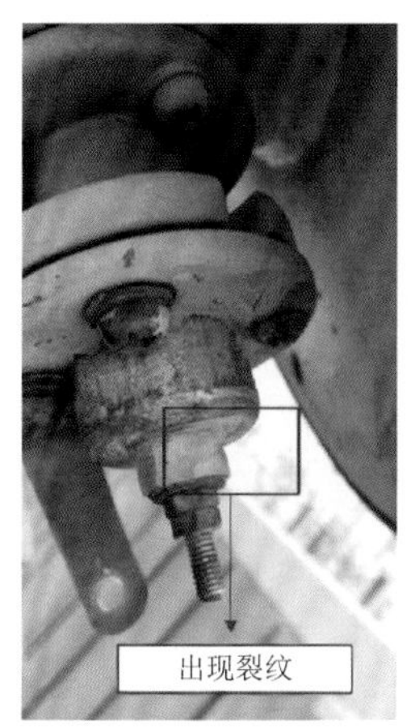

图 4.16　固定末屏用的有机玻璃套

2. 运维策略

加强运行巡视与带电检测工作，重点关注套管末屏处外观检查和红外测温、套管整体精确测温情况。

3. 检修策略

（1）对同期套管准备相关备品，结合停电对其固定末屏用的有机玻璃套进行更换处理，并重新进行试验合格后投入运行。

（2）加强套管末屏接地检测、检修和运行维护，每次拆/接末屏后应检查末屏接地状况，在变压器投运时和运行中开展套管末屏的红外检测。

（3）对结构不合理的套管末屏接地端子应进行改造。

第四节　110 kV 及以下套管

一、以南京电气(集团)有限责任公司生产的套管为例

（一）套管炸裂

1. 案例情况

2017 年 7 月，某变电站 1 号主变高压侧 A 相套管故障(图 4.17)。主变高压侧 A、B、O 相套管均有不同程度损坏，其中 A 相套管损毁较为严重，地面有炸裂的瓷瓶碎片和套管内油纸的碎片，高压套管型号为 BRDLW-126/630-3，南京电气(集

团)有限责任公司 2006 年 6 月的产品。

图 4.17　高压 A 相故障套管情况,导电杆完全炸断

原因分析:高压 A 相套管上部炸裂导致差动保护动作跳闸。由于故障后套管损毁情况严重,无法找到准确的故障源位置。结合工厂检查情况、现场瓷套炸裂后的影响范围,推测高压 A 相套管故障的原因可能是内部存在绝缘缺陷,在长期运行过程中发展、恶化。也不排除套管油枕密封不良进水导致绝缘损伤。

2. 运维策略

(1) 加强运行巡视与带电检测工作,要充分利用红外测温等技术手段,重点关注套管头部温度、套管整体精确测温情况,并注意三相套管的温度对比。

(2) 运行巡视应检查并记录套管油位情况,当油位异常时,应进行红外精确测温,确认套管油位。

3. 检修策略

(1) 严格按照输变电设备状态检修试验规程开展套管电容量及介损试验,对试验数据进行分析;严禁以绕组连同套管的电容量及介损试验代替套管一次对末屏、末屏对地试验。

(2) 当套管电容量、介损或红外图谱异常时,可结合套管油色谱分析,进一步判断故障类型。

(3) 当套管渗漏油时,应立即处理,防止内部受潮损坏。

(二) 套管导电管断裂

1. 案例情况

2017 年,某变电站 1 号主变高压 B 相套管中心导电管断裂(图 4.18),故障套管型号为 BRDLW-126/630-4,厂家为南京电气(集团)有限责任公司,编号为 5B0770,2015 年 3 月出厂。

解体检查故障套管瓷套、电容芯子未发现明显异常,套管内部未见放电现象;套管尾部导电管在螺纹处发生断裂。

此次故障是南京电气(集团)有限责任公司生产的套管在我省发生的第二起导

图 4.18　断裂的导电管

电管断裂事件。套管厂家排查分析认为导电管断裂原因可能与此批次套管所用导电管材质相关。该公司在 2014 年 11 月份采购了一批 φ 46×5.5 铝合金管，该批导电管抗拉强度不满足要求，在其他省份也发生了多起断裂故障。

原因分析：此次故障套管导电管断裂原因为厂家使用的该批次导电管牌号、规格不符合要求，抗拉强度和伸长率不足，运行过程中始终受力，运行时间稍长即发生断裂。

2．运维策略

油浸纸电容式套管内部承力的载流导电管及其他结构部件应进行机械强度校核，防止运行中发生应力超出材料承受极限导致断裂问题。

3．检修策略

对该套管厂家的问题批次套管（2014 年 12 月 1 日至 2015 年 3 月 26 日，72.5 kV/630 A/126 kV/630 A）进行排查，建立隐患台账，上报技改、大修计划或结合基建等机会对套管进行更换。

（三）套管末屏接地保护帽内锈蚀严重

1．案例情况

2016 年，某变电站 1 号主变（SFSZ10-150000/220、特变电工衡阳变压器有限公司）开展例行试验发现中压侧 A、B 相套管末屏严重受潮、绝缘垫和接地罩密封垫严重碳化，接地保护帽内锈蚀严重，中压 A 相套管末屏接地保护帽内的垫片弹簧已失去弹力（图 4.19）。修复后的套管末屏如图 4.20 所示。对套管开展介损及电容量、套管末屏绝缘电阻试验，发现 A、B 相末屏绝缘仅为 0.03 MΩ、5.36 MΩ。该套管生产厂家为南京电气（集团）有限责任公司，型号为 BRLW-126/1600-4，出厂日期为 2006 年 1 月。

原因分析：与南京电瓷厂主变套管末屏相类似的案例省内已经发生过多起，主要原因是套管末屏材质不佳，接地帽密封不良，内部进水受潮，长期运行发生电化学腐蚀。

图 4.19　末屏接地保护帽内锈蚀严重

图 4.20　修复后的套管末屏

2. 运维策略

加强套管末屏接地检测、检修和运行维护，在变压器(高抗)投运时和运行中定期采用红外成像仪检测套管末屏接地状况，并保存图谱做好记录，便于历史数据比对分析，当相间温差大于 3 K 时应结合主设备油温情况做进一步检查分析。

3. 检修策略

在同样末屏结构的主变停电时，应检查套管末屏有无松动，确保接地保护帽内的垫片弹簧有弹力，套管末屏有无受潮和锈蚀，或对套管的接地形式进行改造。

(四) 套管受潮绝缘故障

1. 案例情况

2017 年，某变电站 2 号主变进行例行试验时发现高压侧 A 相套管介损超标，该套管系南京瓷电厂 2001 年 3 月的产品，套管型号为 BRDW-110/630-3。

对套管进行解体检查，在拆除的压紧弹簧上，可以发现明显的受潮锈蚀痕迹；拆除压盘后，对油枕内部进行检查，在油枕下部，可以发现明显的锈蚀痕迹，如图4.21所示。

图 4.21　压紧弹簧锈蚀情况/油枕内壁锈蚀痕迹

原因分析：套管在长时间使用过程中，由于气象条件、环境气温变化、套管自身运行发热等客观因素导致顶部防雨罩下端O型橡胶密封垫或者油枕右边的油塞密封垫老化，从而使得局部密封失效，潮气侵入套管油枕内部密封环境，在水分长期积累的作用下，金属部件氧化锈蚀，进一步导致套管介损超标。

2. 运维策略

(1) 严格按照状态检修试验规程开展变压器套管相关试验和检查，当对套管绝缘有怀疑时应开展套管油色谱分析或者使用频域介电谱法诊断套管是否受潮。

(2) 运行巡视应检查并记录套管油位情况，应定期使用红外测温对其套管表面温度进行记录，加强数据比对分析，及时发现套管油位异常缺陷。

3. 检修策略

(1) 对检测发现的已受潮老化的套管进行更换。

(2) 结合停电检修，对变压器套管上部注油孔的密封状况进行检查，发现异常时应及时处理。防止因套管密封胶垫老化或密封不严等造成套管进水引发事故。

(3) 在正常运行维护时，要着重防止套管内部受潮和绝缘事故的发生。对渗漏油的套管应及时进行处理，防止内部受潮损坏。

（五）套管导电杆与主变引出线焊接工艺不良

1. 案例情况

2015年某变电站开展红外测温发现1号主变中压套管桩头与一次引线连接处发热，其中，A相最高点温度达133 ℃左右，C相最高点温度达99.8 ℃。该套管系南京电气(集团)有限责任公司2004年的产品，套管型号为BRLW-110/1250。

检查发现将军帽内并帽因发热与引线导电杆烧融，后续对该导电杆进行脱焊，对导线进行表面处理，将新导电杆用磷铜焊条进行重新焊接，彻底消除该故障(图 4.22～图 4.25)。

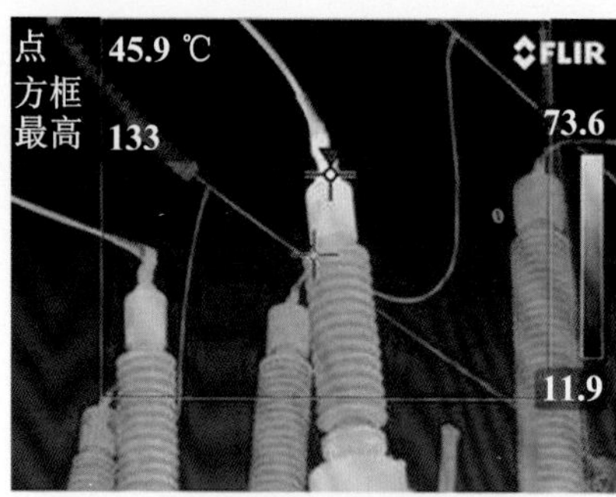

图 4.22 中压 A 相发热红外图谱

图 4.23 并帽因发热与引线导电杆烧融照片

图 4.24 C 相发热导电杆

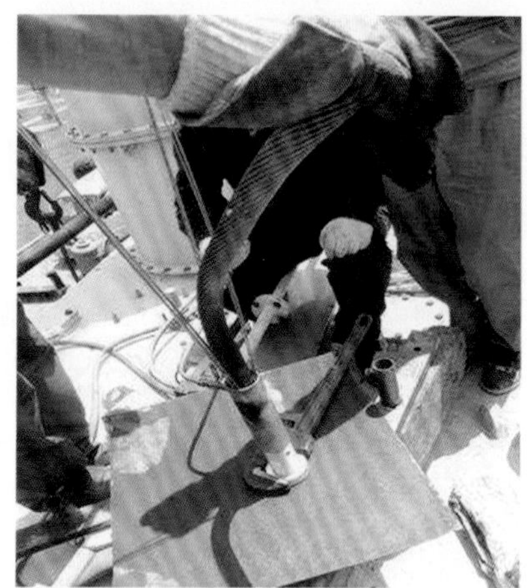
图 4.25 对导电杆重新焊接

原因分析：引起发热的原因主要是由于在变压器制造过程中高压引出线和导电杆之间的焊接工艺不良造成运行中发热，长期发热积累造成导电杆螺牙损伤。

2. 运维策略

加强运行巡视与带电检测工作，充分利用红外测温等技术手段，重点关注套管桩头连接处发热及套管整体精确测温情况。

3. 检修策略

发现主变套管异常发热现象后应及时安排停电试验及检查。

(六) 套管法兰漏油

1. 案例情况

2020 年 10 月，运行人员在某变电站开展设备巡视时发现 2 号主变本体靠近低压侧位置存在漏油缺陷，漏油速度约每分钟 30 滴。停电检查为 C 相低压套管瓷套与法兰连接沾合处破损(图 4.26)。套管型号为 BW-24/6000-4,生产日期为 2013 年 10 月。

图 4.26 低压套管瓷套与法兰连接沾合处破损

原因分析:套管瓷套与法兰连接沾合处破损。

2. 运维策略

加强设备巡视,注意检查低压套管法兰是否有渗漏油,发现异常应及时进行处理。

3. 检修策略

结合停电计划,注意检查套管法兰胶装处是否存在渗漏油,如有发现应及时更换套管。

二、以上海 MWB 互感器有限公司生产的套管为例

套管内部放电故障

1. 案例情况

2015 年,某变电站 1 号主变差动、本体重瓦斯保护动作,跳开主变三侧开关。1 号主变为江苏华鹏变压器有限公司 2011 年 3 月生产的产品,2011 年 8 月投入运行,型号为 SSZ11-50MVA/110 kV。110 kV 高压套管为上海 MWB 互感器有限公司 2010 年 12 月的产品,套管型号为 COT500-800。

设备跳闸后,结合试验结果初步判断 110 kV 侧 B 相套管出现故障,现场拆除 B 相套管检查,在打开套管顶部导电杆螺帽后,发现套管电容屏可以直接从瓷套内拉出,电容屏下部环氧树脂绝缘已碎裂脱落,外层电容纸大面积烧黑,如图 4.27、图 4.28 所示。

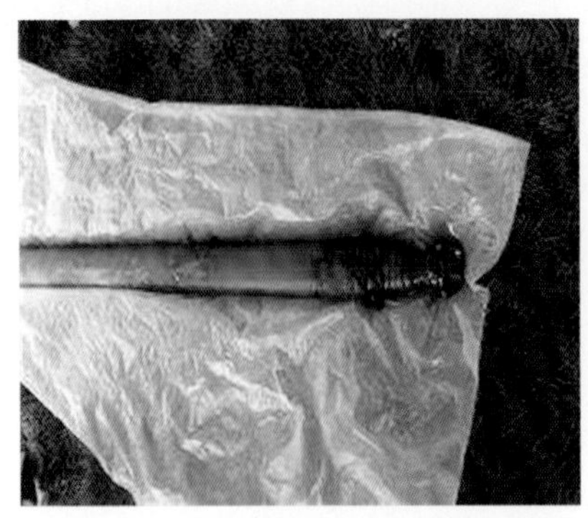
图 4.27　套管脱落的电容屏

图 4.28　套管电容屏外层电容纸烧黑情况

同时，检查发现套管尾部均压球上有放电、烧熔痕迹，套管法兰上也有放电烧蚀痕迹，如图 4.29、图 4.30 所示。

图 4.29　套管尾部均压球放电痕迹

图 4.30　套管底部法兰放电痕迹

进一步打开套管顶部将军帽，发现套管顶部注油阀密封不良，密封垫圈与密封塞之间有较大缝隙，未完全密封，如图 4.31 所示。

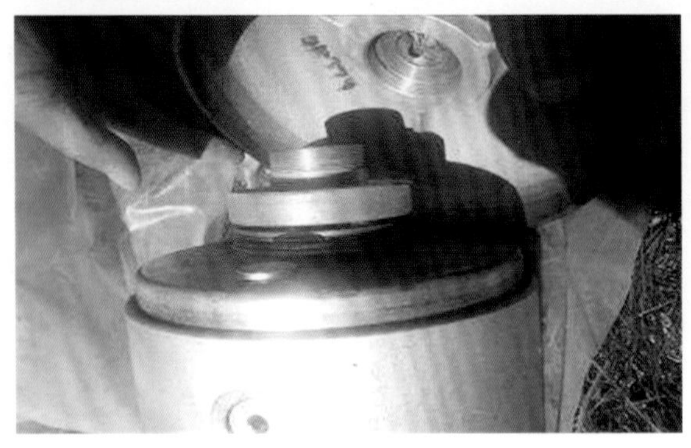
图 4.31　套管顶部注油阀松动情况

对故障套管电容屏进一步检查，发现套管电容屏内部电容纸完好，只有表面 1 至 2 层电容纸出现烧蚀痕迹，如图 4.32 所示。

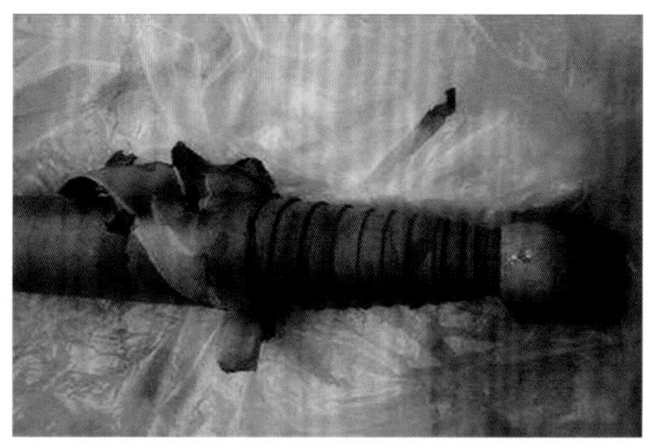

图 4.32 套管电容屏烧蚀痕迹情况

原因分析：套管电容屏产生沿面放电，原因可能是套管电容芯子绕制过程中，电容屏表面留有异物，或者顶部注油阀密封不良，在上半年雨水较多的情况下，潮气进入，从而影响电容屏表面的绝缘性能，产生放电。从现场注油阀密封不良情况来看，套管内部进入潮气导致沿面放电的可能性最大，考虑到变压器安装时一般不会打开顶部将军帽，而且我省此前已要求各单位在正常情况下不允许安排套管绝缘油例行试验。因此，套管顶部注油阀松动应是套管厂家在注油结束后未按工艺要求密封良好所致。

2. 运维策略

建议高压油浸式套管加强油色谱分析检测试验，结合主变停电试验开展油色谱检测工作，同时取油后确保密封性完好。

3. 检修策略

(1) 结合技改、大修或基建项目等机会对 MWB 套管进行更换。

(2) 对于短时间内无法完成更换的套管安排停电试验及检查，重点开展套管绝缘、介损、油色谱试验，对于试验结果异常的套管应立即更换。

(3) 结合停电检修，对变压器套管上部注油孔的密封状况进行检查，发现异常时应及时处理。防止因套管密封胶垫老化或密封不严等造成的套管进水引发的事故。

三、以西安爱博电气有限公司生产的套管为例

套管末屏悬浮电位放电

1. 案例情况

2015 年，某变电站 1 号主变发出轻微放电声，红外检测未发现有异常。现场

检查判断放电声来自110 kV侧C相套管末屏处(图4.33)。将1号主变转检修后检查发现,套管末屏端部压紧螺丝及接地罩螺丝无松动,拆除接地罩检查发现4颗末屏密封法兰盘压紧螺丝存在松动,该压紧螺丝无防松垫片,在运行中因振动可能导致松动,继而导致末屏接地电阻增大,产生悬浮电位放电。变电检修人员对该套管末屏密封法兰盘压紧螺丝加装防松垫片并重新紧固,在对A、B相及中性点套管末屏检查时都存在不同程度的松动,全部进行了整改。主变恢复运行后,无异常声响。

图4.33　套管末屏

原因分析:西安爱博电气有限公司2008年左右生产的主变套管末屏结构不合理,末屏引出端为螺杆,通过接地罩、密封法兰盘接触面、密封法兰盘压紧螺丝接地,环节多且密封法兰盘压紧螺丝无防松垫片,在运行中易因振动发生松动的情况,增大了末屏接地电阻,易引起悬浮电位放电。

2. 运维策略

加强开展运行巡视工作,对发现的设备的任何轻微异响均不应放过。

3. 检修策略

(1) 对西安爱博电气有限公司生产的套管及相同末屏接地结构的套管开展红外精确测温和特巡,检查有无异常温升或放电声响。发现异常立即安排停电处理。

(2) 结合主变停电计划,加强套管末屏接地检查。每次拆接末屏后应使用万用表检查末屏接地状况(在可检查情况下)。

(3) 对存在引出端子结构不合理、截面偏小、强度不够等问题的末屏,应逐步进行改造或更换。

四、以特变电工沈阳变压器集团有限公司电气组件分公司生产的套管为例

套管底部瓷套密封垫圈破裂渗漏油

1. 案例情况

2020年,某变电站1号主变110 kV B相套管底部瓷套与法兰压接处渗漏(图4.34、图4.35)。套管型号为BRDLW-126/1250-4,厂家为特变电工沈阳变压器集团有限公司电气组件分公司,出厂日期为2017年5月。

图4.34　现场渗漏油情况

图4.35　瓷套与法兰压接处渗漏

原因分析:套管内部油位偏高,受环境温度和负荷影响,内部油压较大,使密封垫圈具有向外膨出的趋势;由于套管倾斜安装,受自重影响,该处密封垫圈高端位置的密封力相对其他位置较小,在短时外力的叠加作用下,密封力进一步减小,受密封槽边缘部位挤压和剪切而发生断裂。

2. 运维策略

加强设备巡视,运行人员在进行设备巡视发现有异常时,及时进行检查和处理。

3. 检修策略

结合主变停电检修,注意对套管油位和密封圈进行检查。当套管渗漏油时,应立即处理,防止内部受潮损坏。

五、以北京天威瑞恒公司生产的套管为例

套管将军帽发热

1. 案例情况

2018年,某变电站开展红外特巡时发现220 kV 1号主变110 kV侧A相套管

发热至 90 ℃左右。套管型号为 FGRBLW-126(玻璃钢电容式),北京天威瑞恒公司生产,出厂日期为 2013 年 11 月。

原因分析:打开套管将军帽后,发现蜡烛头部未旋紧,蜡烛头锁母与将军帽之间有 3～4 圈的螺纹间隙,并造成将军帽内螺纹存在放电过热的发黑痕迹(图 4.36)。该型号套管蜡烛头旋紧后无相关位置标识,同时对旋紧力矩无相关标准要求,安装人员不易判断头部是否旋紧。

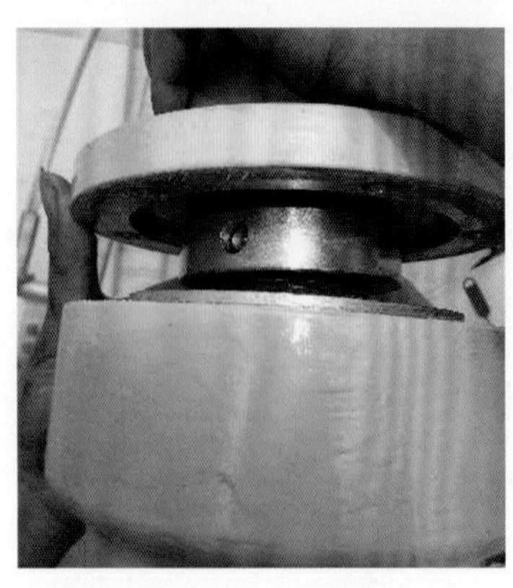

图 4.36　将军帽内螺纹的发黑痕迹

2. 运维策略

加强设备巡视及红外测温,注意三相套管温度对比。

3. 检修策略

(1) 针对同类型套管,加强红外检测,排查是否因施工安装时安装工艺不佳,导致套管桩头发热。

(2) 由于该型号干式套管在系统内发生多起类似事故,建议结合技改、大修项目将干式套管更换为瓷套管。

六、以西安西电高压套管有限公司生产的套管为例

(一) 套管下节发热

1. 案例情况

2017 年,某变电站红外测温发现 1 号主变高压 C 相套管温度异常。套管上下节温差同样明显。套管为西安西电高压套管有限公司生产,型号为 BRDW1-126/630-1。

原因分析:返厂检查发现电容芯子实际长度比设计要求短 15 mm,导致套管内场强分布发生变化,进一步影响温度分布。电容芯子极板边缘是场强最大、最不均匀的地方,出现褶皱会使场强不均匀程度加深,进一步影响温度分布。在上瓷件从下往上数第三大伞处附近(即发热位置)对应位置的极板边缘处,发现有鼓包现象,会使场强不均匀程度进一步加深,导致温度异常(图 4.37)。

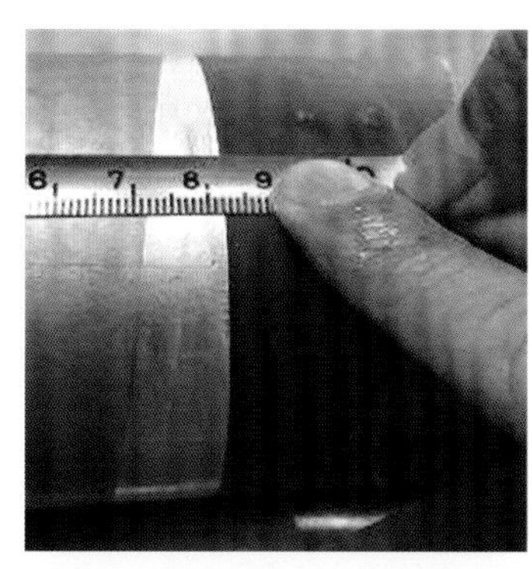
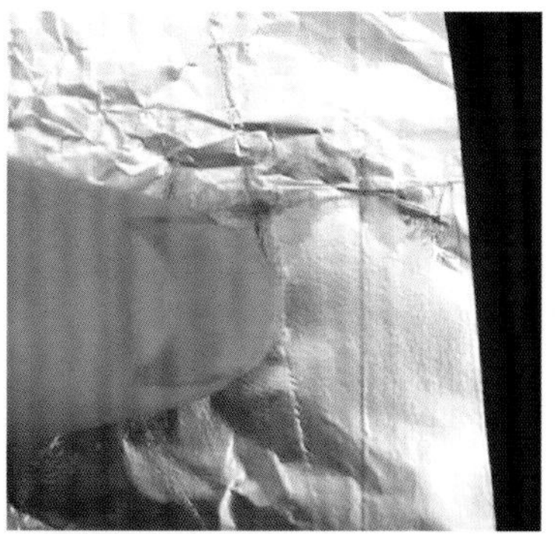

图 4.37　套管电极板(铝箔)边缘褶皱/第 20 层铝箔边缘的鼓包痕迹

2. 运维策略

加强设备巡视及红外测温,注意三相套管的温度对比。

3. 检修策略

(1) 对该套管厂家的问题批次套管进行排查,并及时进行更换。

(2) 敦促生产厂家加强生产质量管控。

(二) 套管将军帽发热

1. 案例情况

2018 年,某变电站红外测温发现 1 号主变 110 kV 侧中压套管 A、C 相将军帽发热,A 相发热至 121.6 ℃,C 相发热至 114.3 ℃(图 4.38)。套管生产厂家为西安西电高压电瓷有限责任公司,型号为 BRDLW-126/1250-3,出厂日期为 2004 年。

图 4.38　套管引线接头螺纹及将军帽内螺纹放电痕迹

原因分析：停电检查发现是由于套管引线接头和将军帽的螺纹配合不当，导致接触不良引起发热。经与现场服务人员沟通，了解到该型号套管的将军帽在旋紧后须要回退半圈，固定螺栓拧紧后，定位销与定位孔最下端充分接触，支撑力适当，接触良好。如果将军帽未回退半圈或回退圈数过多，在将军帽固定螺栓拧紧后，定位销会处于悬空状态，导致定位销向上的支撑力不足，从而造成接触不良。具体如图 4.39、图 4.40 所示。

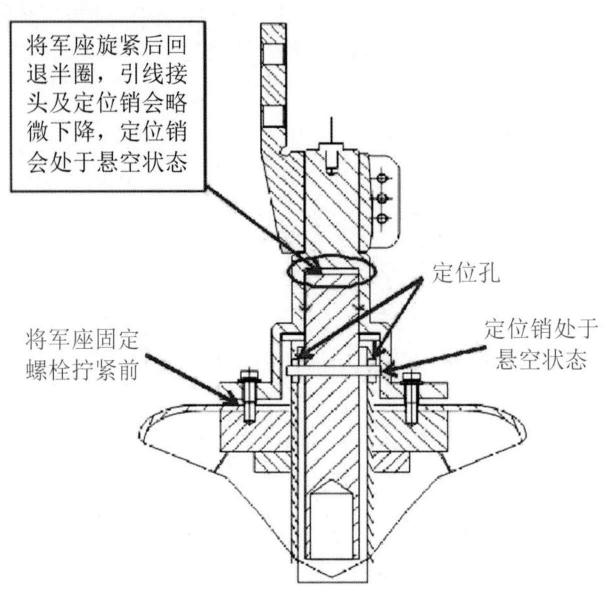

图 4.39　将军帽旋紧后回退半圈，定位销与定位孔位置图

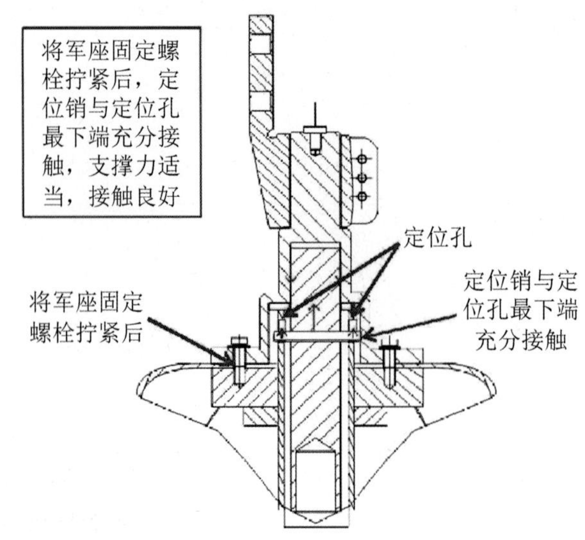

图 4.40　模拟将军帽固定好后，定位销与定位孔位置图

2．运维策略

（1）加强设备巡视及红外测温，注意三相套管的温度对比。

（2）运行巡视应检查并记录套管油位情况，应定期使用红外测温对其套管表面温度进行记录，加强数据比对分析，及时发现套管油位异常缺陷。

3．检修策略

（1）对在运行的该厂家型号套管安排一次红外精确测温，检查是否存在同类问题。

（2）结合设备停电对该型号套管的将军帽进行拆除检查处理，必要时更换套管引线定位销。

七、以瑞典 SWEDEN 公司生产的套管为例

套管末屏受潮绝缘能力降低

1．案例情况

2017 年，某变电站 1 号主变例行试验时发现 110 kV 侧 A 相单套管主绝缘及电容型套管末屏对地绝缘电阻、主绝缘及电容型套管对地末屏 tanδ%与电容量均超标，试验人员打开末屏罩帽发现内部存在锈蚀痕迹，橡胶密度垫存在变形情况（图 4.41），判断为套管受潮绝缘能力降低。该主变由西班牙 ABB 公司生产，产品型号为 TPAV-40000/110，1999 年投运。高压套管由瑞典 SWEDEN 公司生产，套管型号为 LF123191-K，1999 年出厂。

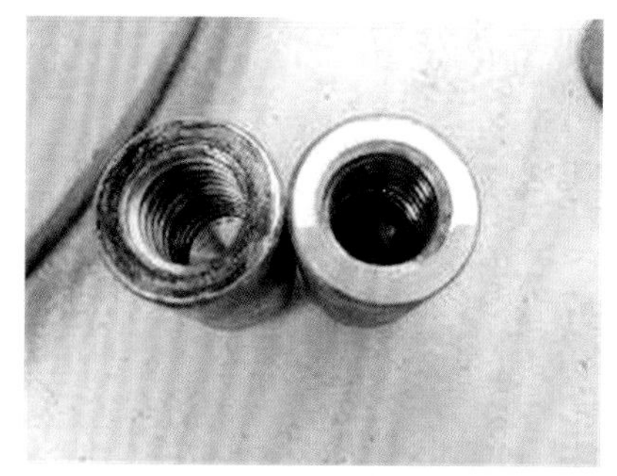

图 4.41　末屏端子锈蚀/橡胶密度垫变形

原因分析：由于上次检修末屏罩帽未拧紧及密封圈老化变形导致，末屏罩帽内进水，向套管末屏内吸潮，导致内部锈蚀及受潮。

2．运维策略

加强设备巡视，注意套管末屏密封及接地检查；开展套管末屏的红外检测，注意三相套管的温度对比；发现异常要及时查明原因并处理。

3. 检修策略

(1) 对受潮绝缘降低的套管建议直接更换异常套管,消除隐患。

(2) 加强套管末屏接地检测、检修和运行维护,每次拆、接末屏后应检查末屏接地状况。

八、以南京智达电气有限公司生产的套管为例

套管桩头发热

1. 案例情况

2017 年,某变电站红外测温时发现 1 号主变高压 B 相套管柱头存在发热现象,如图 4.42、图 4.43 所示。该套管生产厂家为南京智达电气有限公司,设备型号为 BRDLW-126/630-4。

图 4.42 绕组螺纹导电杆

图 4.43 套管桩头

原因分析:① B 相套管螺纹导电杆与套管引线桩头旋紧程度不够,接触电阻增大。导致内部放电腐蚀,引起了 B 相套管桩头发热;② 套管桩头公差配合是否存在设计问题,导致套管桩头发热;③ 施工安装时,套管桩头安装工艺不佳,内部氧化层未处理,导致运行后发热。

2. 运维策略

加强设备巡视及红外测温,注意三相套管的温度对比。

3. 检修策略

针对同类型套管,加强红外检测,排查是否因施工安装时安装工艺不佳,导致套管桩头发热。

第五章　变压器分接开关典型案例

第一节　有载分接开关

一、以贵州长征电力设备有限公司生产的有载分接开关为例

（一）转换开关触头弹簧压力不足

1. 案例情况

2016 年 9 月，某变电站 1 号主变有载调压重瓦斯保护动作，跳开主变三侧开关。有载调压开关生产厂家为贵州长征电力设备有限公司，型号为 VMⅠ 700-170/D-10193W 真空型产品，生产日期为 2013 年 6 月。

现场检查发现 C 相有载调压开关切换开关主载流动触头存在放电烧损痕迹，与该主载流动触头对应的绝缘筒上静触头烧损，与过渡电阻器相连的切换开关本体过渡触头存在放电烧损痕迹（图 5.1～图 5.3）。

图 5.1　动触头放电烧损痕迹

图 5.2　静触头放电烧损痕迹

图 5.3　过渡触头放电烧损痕迹

原因分析：转换开关 K1 的弹簧压力不足，导致转换开关 K1 动、静触头接触异常，从而造成转换开关 K1 动、静触头被轻微的烧损（图 5.4）。随着切换次数的增多，最终发展到转换开关 K1 的动、静触头无法正常接触。在主触头切换过程中，主触头直接拉弧烧损，并产生油流涌动，从而引起有载开关重瓦斯跳闸、压力释放

阀喷油。

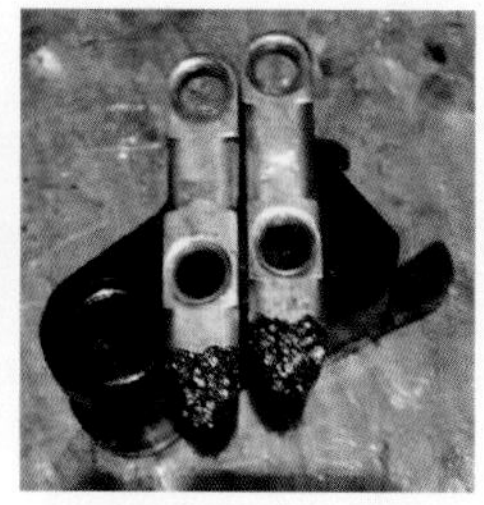

图 5.4 转换开关动、静触头及弹簧

2．运维策略

（1）定期开展有载开关色谱分析，真空有载分接开关绝缘油检测的周期和项目应与变压器本体保持一致。

（2）真空有载开关运行过程中发轻瓦斯信号或异常产气（视窗内应无气体），应立即暂停调压操作，及时开展油色谱、微水和击穿电压测试，根据分析结果确定恢复调压操作或进行检修。

（3）运维人员调档操作时，应检查相应电压、电流的变化。

3．检修策略

（1）改造前应加强有载分接开关油色谱分析。

（2）及时更换家族性缺陷有载开关产品，将真空有载分接开关转换开关更换为改进型产品。

（3）加强对真空有载开关轻瓦斯信号的管理。真空有载开关须具备轻瓦斯和重瓦斯双重保护，并注意将轻瓦斯信号接入后台。真空有载开关轻瓦斯告警信号未接入后台的，需及时整改。

（4）加强有载开关检修工艺管理防止改造后的绝缘油污染。在有载开关更换过程中，应将绝缘筒中的残油清理干净，并注意对排油管道、注油管道、有载开关油枕的冲洗，确保投运前的绝缘油油质合格，以便后续通过油色谱数据来判断真空有载开关的状态。

（二）转换开关静触头镀银层脱落

1．案例情况

2019 年 8 月，某变电站 2 号主变调档后发生有载轻瓦斯告警，该台主变有载开关为贵州长征真空型有载开关，型号为 ZVMⅢ400-72.5B-10193W，出厂日期为 2018 年 4 月 1 日，是家族性缺陷有载开关，2018 年 10 月 18 日完成该台有载开关的整改工作。

现场对该主变有载开关进行吊芯检查，发现 A 相转换开关 K2 右侧静触头镀银层呈松脱状，整体色泽较正常项存在较大色差，整体拆开后发现动触头及一侧静触头无损伤，缺陷静触头镀银层轻触后脱落，露出铜质底材，主触头及其他部件检查未见异常(图5.5)。

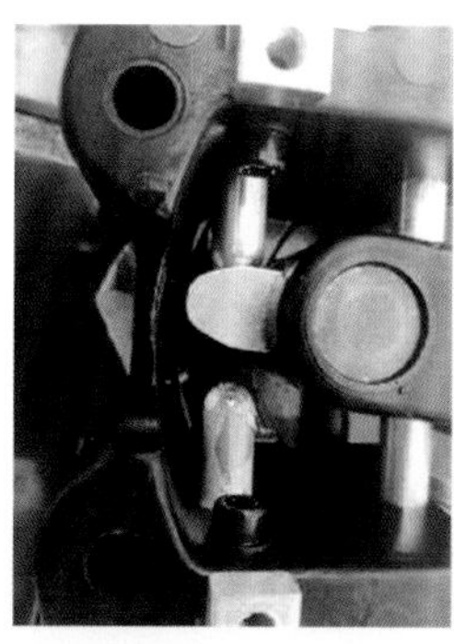

图5.5　转换开关K2静触头镀银层脱落

原因分析:A相转换开关K2右侧静触头镀银层呈松脱状,引起接触电阻增大,导致调档后轻瓦斯告警。

2. 运维策略

(1) 定期开展有载开关色谱分析,真空有载分接开关绝缘油检测的周期和项目应与变压器本体保持一致。

(2) 真空有载开关运行过程中发轻瓦斯信号或异常产气(视窗内应无气体),应立即暂停调压操作,及时开展油色谱、微水和击穿电压测试,根据分析结果确定恢复调压操作或进行检修。

3. 检修策略

(1) 对于改进后的真空有载开关运行过程中发轻瓦斯信号或异常产气,应停电开展有载开关吊芯检查,重点检查转换开关触头烧蚀及表面镀层情况,发现转换开关异常应及时更换。

(2) 加强对真空有载开关轻瓦斯信号的管理。真空有载开关须具备轻瓦斯和重瓦斯双重保护,并注意将轻瓦斯信号接入后台。真空有载开关轻瓦斯告警信号未接入后台的,需及时整改。

(三) 有载分接开关密封不良渗油

1. 案例情况

2014年7月,某变电站2号主变色谱异常,该台主变有载开关为贵州长征有载开关,型号为MⅢ500-72.5/B,出厂日期为2008年6月1日。

现场对2号主变有载分接开关进行检查,发现有载分接开关绝缘筒底部转轴存在密封不良。

原因分析:因有载分接开关绝缘筒底部转轴存在密封不良,引起主变色谱异常。

2. 运维策略

(1) 定期开展主变本体及有载开关色谱分析。

（2）观察有载开关油位指示是否异常。

3. 检修策略

（1）有载开关吊芯处理时，应着重检查有载开关油室密封件有无异常，触指等内外联通部分有无渗漏，对于无法彻底封堵者，则需结合主变本体放油大修开展修复工作。

（2）吊芯后，对于油气污染主变本体者需对本体绝缘油开展真空滤油，取油样分析作为基础数据，继续跟踪观察监测。

（3）定期开展有载开关吊芯检查，厂家无明确规定者，开展有载开关吊芯大修不得超过 6 年或 10000 次。

（4）现场安装和大修后应对有载开关油室单独试漏。

（四）有载分接开关连杆脱落

1. 案例情况

2016 年 12 月，某变电站 2 号主变扩建工程投运，投运后调整 2 号主变高压侧台步，低压侧电压无变化。变压器由中国西电生产，型号为 SSZ11-50000/110。有载开关由贵州长征电力设备有限公司生产，型号为 MAE10193。

现场对该主变停电进行现场检查，发现 2 号主变与有载开关连杆脱落，并且连杆与有载开关呈一定夹角（图 5.6）。该缺陷处理后，现场直阻、变比试验正常。

图 5.6 主变连杆脱落、与有载开关呈一定夹角

原因分析：主变与有载开关连杆脱落，并且连杆与有载开关呈一定夹角，造成有载开关实际档位未变化。

2. 运维策略

（1）加强主变启动送电验收管理，远方控制操作一个循环，各项指示正确，极限位置电气闭锁可靠。

（2）有载分接开关操作前后，检查档位指示正确，指针在规定区域内，与远方档位一致。

3. 检修策略

（1）加强投运前有载开关验收管理，着重检查传动机构中的操作机构、电动机、传动齿轮和杠杆应固定牢靠，连接位置正确且操作灵活，无卡阻现象。

(2) 结合检修进行有载调压切换装置切换特性试验，检查全部动作顺序，过渡电阻阻值、三相同步偏差、切换时间等符合厂家技术要求。

二、以ABB配电变压器(合肥)有限公司生产的有载分接开关为例

(一) 有载分接开关触头氧化

1. 案例情况

2017年4月，某变电站2号主变直阻测量在奇数档时三相电阻不平衡(C相电阻偏高)，不平衡率为2%～3%，不平衡率超出规程要求。该有载分接开关型号为UCGRN380/400/C，是ABB配电变压器(合肥)有限公司2008年4月份的产品。

现场对吊芯检查发现切换开关C相奇数档主触头表面电弧烧蚀程度较重，并且烧蚀表面覆盖一层较厚的氧化层(图5.7)。

图5.7 开关C相奇数档主触头表面烧蚀情况

现场用砂纸对开关的所有触头进行了打磨处理，打磨后用酒精进行清洗。将有载开关恢复后重新测量主变高压绕组直阻，发现C相奇数档电组有明显减小，与A、B两相基本恢复平衡。

原因分析：有载开关C相奇数档触头表面电弧烧蚀和氧化膜使接触电阻增大，导致三相电阻不平衡率超标。

2. 运维策略

(1) 运维人员调档操作时，应检查相应电压、电流的变化。

(2) 加强检修后对有载分接开关触头检查及直阻验收。

3. 检修策略

(1) 对于三相电阻不平衡，优先考虑是否因电弧烧蚀、氧化膜以及内部紧固件松动等导致接触电阻增大，一般采取反复操作调压、去除表面氧化膜的方式降低接触电阻。

（2）对于直阻不平衡率较大者，开展有载开关吊芯检查，重点检查触头及各紧固部件，对触头进行打磨，紧固部件重新加固。

（3）定期开展有载开关吊芯检查，厂家无明确规定者，开展有载开关吊芯大修不得超过 6 年或 10000 次。

（二）有载分接开关密封不良渗油

1. 案例情况

2019 年 8 月，某变电站 1 号主变油中发现乙炔，在后续跟踪过程中，乙炔含量持续增加。1 号主变为特变电工沈阳变压器集团有限公司 2010 年 7 月的产品，型号为 SFSZ11-63000/110。主变有载调压装置型号为 UCGRN 380/400/C，生产厂家为 ABB 配电变压器（合肥）有限公司。

现场检查发现有载调压开关底部放油至本体的放油口密封不严，有渗漏现象，变压器检修人员更换密封件，重新紧固后，观察无渗漏。主变电气试验正常，之后主变恢复运行。

原因分析：有载调压开关底部放油至本体的放油口密封不严，有渗漏现象，造成主变乙炔含量持续增加。

2. 运维策略

（1）定期开展主变本体及有载开关色谱分析。

（2）观察有载开关油位指示是否异常。

3. 检修策略

（1）当变压器本体绝缘油单乙炔气体超标时，应对油灭弧有载分接开关进行检查，排除分接开关渗漏油可能，并注重用电气试验和 DGA 两种方法综合诊断缺陷原因。

（2）有载开关吊芯处理时，着重检查有载开关油室密封件有无异常，触指等内外联通部分有无渗漏，对于无法彻底封堵者，则需结合主变本体放油大修开展修复工作。

（3）吊芯后，对于油气污染主变本体者需对本体绝缘油开展真空滤油，取油样分析作为基础数据，继续跟踪观察监测。

（4）定期开展有载开关吊芯检查，厂家无明确规定者，开展有载开关吊芯大修不得超过 6 年或 10000 次。

（5）现场安装和大修后应对有载开关油室单独试漏。

（三）有载分接开关绝缘油劣化

1. 案例情况

2020 年 4 月，某变电站开展主变例行试验测试发现 2 号主变绝缘电阻主变高中压绕组对低压及地绝缘电阻值（4470 MΩ）明显偏低。该主变型号为 OSFSZ9-150000/220，生产厂家为 ABB 配电变压器（合肥）有限公司，2008 年投运至今。有载开关型号为 UCGRT650/500/C，由瑞典 ABB 组件公司生产。

现场检查发现有载开关切换芯体周身附着大量黑色的游离碳，有载开关油室内油质劣化严重，存在大量游离碳(图 5.8)。

原因分析：该有载开关切换芯体长期切换时油中电离产生的游离碳等物质在开关油室内慢慢累积，使油逐渐劣化，导致开关自身的绝缘性能下降，进而引发主变绝缘电阻下降。

图 5.8　有载分接开关

2. 运维策略

(1) 加强设备巡视，检查有载开关运行状况及调档次数。

(2) 检查分接开关的油位、油色是否正常。

(3) 定期开展主变本体及有载开关色谱分析。

3. 检修策略

(1) 定期开展有载开关吊芯检查，厂家无明确规定者，开展有载开关吊芯大修不得超过 6 年或 10000 次。

(2) 对于调档较为频繁的油灭弧开关，建议结合有载开关吊芯更换新油。换油时，先关闭油室和储油柜连接管路上的阀门，然后排尽油室和油管中的污油，先打开阀门利用储油柜里的油进行冲洗并排尽，再用合格绝缘油冲洗。

(四) 有载分接开关极性转换开关动触头与负极性定触头间拉弧放电

1. 案例情况

2012 年 3 月，某变电站 2 号主变轻瓦斯报警，取油样进行油色谱分析发现总烃超标，其中乙炔含量高达 445.3 μL/L。该主变型号为 SFSZ11-50000/110，生产厂家为天威保变(合肥)变压器公司，2009 年投运至今。使用的有载开关型号为 UCGRN380/400/C，由 ABB 配电变压器(合肥)有限公司生产。

现场检查发现瓦斯继电器内有 300 mL 气体，取油样进行油色谱分析发现总烃超标。对故障主变进行了吊罩检查，发现绝缘筒内部极性转换开关动触头与定触头上有大量游离碳，定触头有明显拉弧烧伤痕迹(图 5.9～图 5.11)。

图 5.9 极性转换绝缘筒

图 5.10 动触头与定触头上有游离碳

图 5.11 定触头拉弧烧蚀

原因分析：有载分接开关在安装过程中，正反圈数误差过大(主要是降档)，超出制造厂允许的范围，导致 10 档下降到 9B 档操作并停留于 9B 档运行，当操动电机停车时，极性转换开关动触头已动作，但未到位。极性转换开关动触头脱离负极定触头并且距离过近，此时所有调压绕组处于悬浮状态，这样极性转换开关动触头与负极性定触头间发生拉弧放电烧损并产生乙炔等气体，发生本体轻瓦斯告警。

2. 运维策略

(1) 加强设备巡视，检查有载开关运行状况及调档次数。对于色谱异常者应查明原因，缩短色谱周期并加强巡视，跟踪主变状态。

(2) 检查分接开关的油位、油色是否正常。

(3) 检查气体继电器内有无气体。

3. 检修策略

(1) 加强投运前有载开关验收管理，着重检查传动机构中的操作机构、电动机、传动齿轮和杠杆是否固定牢靠，连接位置正确且操作灵活，无卡阻现象；应进行有载调压切换装置切换特性试验，检查全部动作顺序，过渡电阻阻值、三相同步偏差、切换时间等应符合厂家技术要求。

(2) 对于极性开关转换档位调档异常者，需引起关注。

(3) 变压器安装、检修时，应在有载分接开关生产厂家技术人员的指导下对开关机构正反圈数进行正确调整，确保误差在制造厂允许的范围之内，避免出现类似现象。

三、以上海华明公司生产的有载分接开关为例

(一) 有载分接开关静触头螺丝脱落

1. 案例情况

2014 年 6 月，某变电站 1 号主变开展色谱分析发现色谱异常，该主变 2010 年投运至今。使用的有载开关型号为 CMⅢ-350Y/72.5B-10039W，由上海华明公司生产。

现场检查发现有载分接开关选择开关7～8档定触头的条形支撑杆顶端螺丝脱落，造成动触头与定触头之间接触异常(图5.12)。

原因分析：主变有载分接开关选择开关7～8档定触头的条形支撑杆顶端螺丝脱落，引起动触头与定触头之间接触异常，造成1号主变色谱异常(图5.12)。

图5.12　有载分接开关选择开关A相动触头烧毁痕迹

2. 运维策略

(1) 定期开展主变本体及有载开关色谱分析。

(2) 运维人员调档操作时，应检查相应电压、电流的变化。

3. 检修策略

(1) 有载开关吊芯处理时，着重检查有载开关油室密封件有无异常，触指等内外联通部分有无渗漏，对于无法彻底封堵者，则需结合主变本体放油大修开展修复工作，检修前后重点测量变压器绕组直流电阻。

(2) 吊芯后，对于油气污染主变本体者需对本体绝缘油开展真空滤油，取油样分析作为基础数据，继续跟踪观察监测。

(3) 定期开展有载开关吊芯检查，厂家无明确规定者，开展有载开关吊芯大修不得超过6年或10000次。

(二) 有载瓦斯继电器整定值设定不合理

1. 案例情况

2014年1月，某变电站1号主变因有载瓦斯继电器整定值设定不合理，在有载分接开关调节过程中发生有载重瓦斯动作跳闸。该主变2010年投运至今，使用的有载开关型号为CMDⅢ-800，由上海华明生产。

原因分析：主变分接开关瓦斯继电器整定值设定不合理，造成在有载分接开关调节过程中发生有载重瓦斯动作跳闸。

2. 运维策略

(1) 加强气体继电器等非电量保护装置投运验收监督，必须经校验合格后方可使用。对于轻瓦斯动作信号，气体容积动作范围为200～250 mL。

(2) 流速整定值由变压器、有载分接开关生产厂家提供，除制造厂特殊要求外，对于重瓦斯信号，自冷式变压器的油流速应达到 0.8～1.0 m/s，强油循环变压器的油流速应达到 1.0～1.2 m/s。

(3) 120 MVA 以上变压器 1.2～1.3 m/s 时应同时动作，指针停留在动作后的倾斜状态，并发出重瓦斯动作标志。

3. 检修策略

(1) 对于运行超过 10 年的 220 kV 及以上变压器(高抗)，应结合停电安排一次本体和有载开关气体继电器校验，对于 110 kV 变压器应结合主变大修、有载开关吊芯完成气体继电器校验。

(2) 结合停电开展瓦斯继电器回路绝缘电阻(1000 V，不低于 1 MΩ)。

(3) 为了不影响工期，应提前储备适量相同配置备品，在停电前送电科院校验合格后(包括重瓦斯定值、管道口径)，进行替换轮校。

(4) 在大容量有载分接开关非电量保护配合方面，有载厂家未给出重瓦斯动作原因之前，应禁止有载调压操作。

(三) 有载开关压力释放阀动作值设定不合理

1. 案例情况

2015 年 3 月，某变电站 1 号主变有载压力释放阀动作跳闸。该主变为 ABB 配电变压器(合肥)有限公司 2014 年 4 月生产的 OSSZ-240000/220 型产品，2015 年 1 月 5 日投运。两台主变均采用上海华明公司 CMDⅠ-1000/170C-10193W 型有载分接开关，配置沈变研究所产的 YSF4Ⅱ-85/50KKJBTH 型压力释放阀，动作压力为 85 kPa。

现场检查发现 1 号主变间隔有载调压开关压力释放光字牌泛红，1 号主变本体智能终端柜中有载调压压力释放指示灯亮，1 号主变室内有载调压开关罐体沿面有油珠，鹅卵石上有油迹，主变有载瓦斯继电器、防爆盖均无异常(图 5.13、图 5.14)。

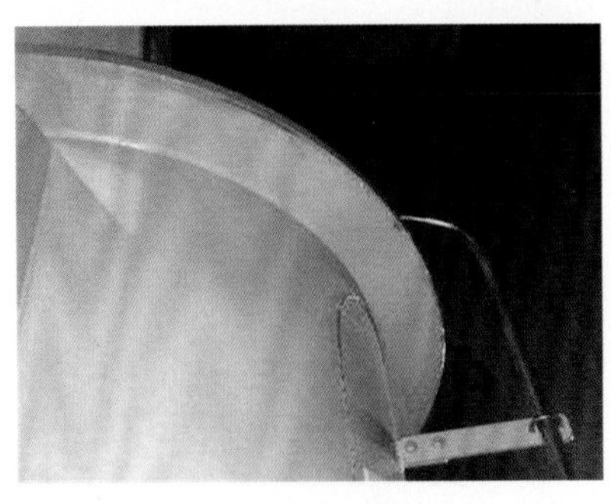

图 5.13　有载开关表面油迹

图 5.14　非电量保护装置信号

原因分析：有载压力释放阀动作值设定不合理，造成在有载分接开关调节过程中发生有载压力释放阀动作跳闸。

2. 运维策略

(1) 原则上建议各单位今后在参加新主变设联会时，取消有载开关压力释放阀，仅保留防爆膜配置。

（2）加强运维人员有载分接开关瓦斯继电器等非电量保护装置验收，及时发现和处理设备缺陷。

（3）结合巡视、调档操作检查压力释放阀是否外观完好，确保无渗漏、无喷油现象。

3．检修策略

（1）通过梳理分析相关标准、规程，并结合进口合资有载开关厂家油室压力保护配置情况，确定防爆盖和压力释放阀均属于压力释放装置，所起的保护作用相同，仅保留防爆盖、取消压力释放阀的配置可以满足有载开关过压力保护的要求。如同时装有压力释放阀，开启压力一般不小于 130 kPa。

（2）对于在运使用国产有载开关的 220 kV 主变，提前联系厂家重新制作有载开关顶盖，结合停电安排更换，取消压力释放阀，保留防爆膜。

（四）有载分接开关密封不良渗油

1．案例情况

2010 年 11 月，某变电站 1 号主变开展色谱分析时发现主变油中含有乙炔，含量为 0.28μL/L。随后进行持续跟踪复测分析，乙炔含量呈缓慢增长态势，2016 年 11 月，乙炔含量达到最大值 3.52 μL/L。该主变型号为 SFSZ10-40000/110，2007 年 5 月 7 日出厂，2007 年 6 月 26 日投运，生产厂家为山东达驰变压器厂，有载分接开关厂家为上海华明开关厂，型号为 CMDⅢ-500Y/72.5C-10193W。

2016 年 11 月，对该主变进行吊芯检查，发现有载分接开关油室静触指（以导油管为起点，顺时针第三个静触指）连接处有轻微渗油现象（图 5.15）。因有载分接开关油室静触指与变压器本体联通，考虑到停电计划安排及工期原因，仅对有载分接开关油室触指进行紧固处理后恢复运行。

图 5.15　油室内壁

原因分析：有载分接开关油室触指连接处有轻微渗油。因变压器在调压瞬间，切换开关室中油的压力可能略大于变压器本体中油的压力，使切换开关室中的油渗漏到变压器本体油箱内，污染变压器本体油，最终导致主变压器本体油中乙炔含量超标。

2．运维策略

（1）定期开展主变本体及有载开关色谱分析。

（2）观察有载开关油位指示是否异常。

（3）结合巡视、调档操作检查有载开关密封部分、管道及其法兰有无渗漏油现象。

3．检修策略

（1）当变压器本体绝缘油单乙炔气体超标时，应对油灭弧有载分接开关进行检查，排除分接开关渗漏油可能，并注重用电气试验和 DGA 两种方法综合诊断缺陷原因。

（2）有载开关吊芯处理时，着重检查有载开关油室密封件有无异常，触指等内外联通部分有无渗漏，对于无法彻底封堵者，则需结合主变本体放油大修开展修复工作。

（3）吊芯后，对于油气污染主变本体者需对本体绝缘油开展真空滤油，取油样分析作为基础数据，继续跟踪观察监测。

（4）定期开展有载开关吊芯检查，厂家无明确规定者，开展有载开关吊芯大修不得超过 6 年或 10000 次。

第二节　无载分接开关

以江苏吴江开关总厂生产的无载分接开关为例

无载分接开关动静触头松动

1．案例情况

2022 年 4 月，某变电站 2 号主变发轻瓦斯告警信号，该主变型号为 SFS7-20000/110，由青岛变压器集团有限公司生产，1992 年 10 月 1 日投运。分接开关厂家为江苏吴江开关总厂（现为吴江远洋电气有限责任公司），型号为 RI3003-362/C-10193W。

主变发轻瓦斯告警信号，现场核查发现主变有异常声响疑似放电声，瓦斯继电器内无油，现场吊罩后发现 C 相绕组无载分接开关未在档位上，一档、二挡 3 个触头有明显的烧灼放电痕迹（图 5.16）。将 C 相分接开关动静触头置于正常位置后测试三相直阻，结果正常，判定线圈未发生匝间短路、断路情况。

原因分析：主变 C 相无载分接开关动静触头松动，导致长时间高能量放电，致使2档静触头存在明显烧蚀，发生明显异响，导致轻瓦斯动作。

图 5.16 吊罩后C相绕组无载分接开关烧蚀情况

2. 运维策略

(1) 结合巡视应检查变压器相应电压、电流的变化。

(2) 针对运行年限久的无载分接开关要加强运维监视。

(3) 定期开展主变本体及无载开关色谱分析。

3. 检修策略

(1) 在分接开关检修后，应进行所有档位的变比、直阻试验并核对试验数据逻辑关系。

(2) 定期检查维护无载分接开关的运行状况。

第六章　非电量保护装置典型案例

以德国 EMB 公司生产的瓦斯继电器为例。

（一）瓦斯继电器干簧管绝缘性能下降

1. 案例情况

2018 年 2 月，某变电站 1 号主变有载重瓦斯保护动作，跳开 1 号主变三侧开关。有载瓦斯继电器生产厂家为德国 EMB 公司，型号为 URF25/10 12-25.-48，生产日期为 2005 年。

现场绝缘试验检查发现有载开关瓦斯继电器触点内绝缘不合格，触点 23-24 绝缘电阻为 0.4 MΩ，触点 11-14 绝缘电阻为 0.05 MΩ（图 6.1、图 6.2）。进一步解体检查发现触点 11-14 的干簧管尾部有放电现象，瓦斯继电器接线图如图 6.3 所示。

图 6.1　瓦斯继电器 23-24 触点绝缘测试情况

图 6.2　瓦斯继电器 11-14 触点绝缘测试情况

原因分析：该主变于 2005 年 12 月投运，运行超过 12 年，有载开关瓦斯继电器内部干簧管尾部绝缘性能下降，最终导致了继电器触点导通，主变有载重瓦斯误动作。

2. 运维策略

按规程要求执行瓦斯继电器检验，已运行的气体继电器及其保护回路，应结合大修进行全部检验，每两年至少开盖一次，进行内部结构和动作可靠性检查。

3. 检修策略

结合主变停电计划，对瓦斯继电器及其回路进行绝缘强度检查，对性能不满足厂家或规程要求的继电器进行更换。

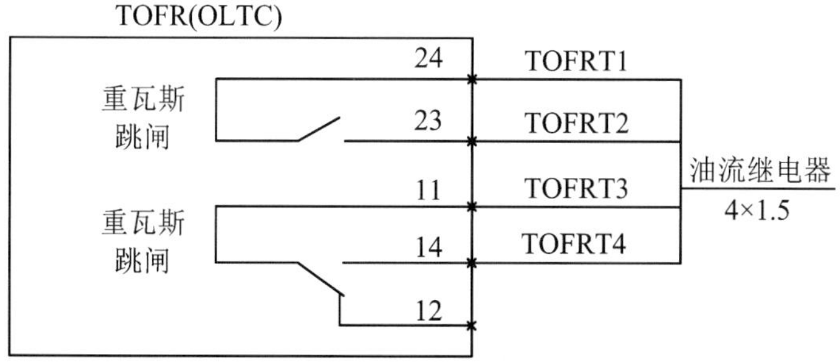

图 6.3　瓦斯继电器接线图

（二）瓦斯继电器二次触点绝缘性能下降

1. 案例情况

2019 年 5 月，某变电站 1 号主变重瓦斯保护动作跳闸。有载开关瓦斯继电器型号为 TYPVRF25/1012-25-4404/07，生产厂家为德国 EMB 公司，生产日期为 2008 年。

现场绝缘试验发现瓦斯继电器盒内接点绝缘测试异常，该瓦斯继电器提供两副接点，备用的接点绝缘测试为 50 GΩ，而使用中的接点仅为 0.32 MΩ，远低于反措要求的 10 MΩ（图 6.4）。

图 6.4　瓦斯继电器盒内接点情况

原因分析：结合主变保护故障录波器的波形分析，基本确定此次主变跳闸的原因为有载调压瓦斯继电器本身接点绝缘严重下降导致接点动作，有载调压开关内并未发生故障。

2. 运维策略

按规程要求执行瓦斯继电器检验，已运行的气体继电器及其保护回路，应结合大修进行全部检验，每两年至少开盖一次，进行内部结构和动作可靠性检查。

3. 检修策略

结合主变停电计划，对瓦斯继电器及其回路进行绝缘强度检查。对性能不满足厂家或规程要求的继电器进行更换；对绝缘电阻不满足要求的二次回路进行二次电缆更换。

第七章　储油柜典型案例

以沈阳蓝天公司生产的金属波纹管储油柜为例。

（一）油枕金属波纹管破裂进油

1. 案例情况

2015 年 4 月，某变电站主变油枕更换过程中发现油枕波纹管进油，导致油位不准，发现金属波纹管内存有 60 kg 左右的变压器油(图 7.1)。

图 7.1　油枕油位与波纹管内油迹

该主变型号为 OSFSZ10-180000/220，生产厂家为江苏华鹏变压器有限公司，出厂日期为 2009 年 3 月 1 日，主变油枕为沈阳蓝天公司生产的波纹管储油柜，2009 年 12 月 15 日投入运行。

原因分析：波纹管破裂，导致油腔与波纹管相通，所以油位升高时油腔内的油直接流入波纹管内，波纹管不会伸缩，油位指针也不会发生变化。

2. 运维策略

(1) 在设联会阶段明确不得采用外油卧式波纹管储油柜。500 kV 及以上变压器优先选用传统胶囊式储油柜。220 kV 及以下变压器可选择金属波纹储油柜，但优先选用内油式金属波纹储油柜。

(2) 对于外油式储油柜，必须确保运行过程中呼吸口处于常开状态。另外，金属波纹芯体内腔为变压器油的散热面，正常运行过程中无凝露现象，可以不用吸湿器，但当怀疑波纹芯体有渗漏时，应采取临时措施，如在呼吸口加装吸湿器。

3. 检修策略

（1）对于在运的外油卧式波纹管储油柜应制订检修计划，结合停电进行更换。

（2）对于暂未更换的外油卧式波纹管储油柜，在迎峰度夏和迎峰度冬等温度变化较大的时期应缩短巡视周期，重点关注油温、油位、呼吸情况，发现卡涩及时处理。

（3）怀疑出现储油柜波纹管卡涩时，可以通过拍打波纹管、向波纹管充气等方式促使波纹管移动，同时注意油位的变化。

（二）油枕金属波纹管导向滚轮卡涩

1. 案例情况

2017 年 7 月，某变电站 2 号主变"本体油位异常"发信，现场检查发现 2 号主变本体油位指针指示为 85 ℃，而实际油温为 65 ℃左右，后进行放油处理。2017 年 7 月 15 日，2 号主变"本体油位异常"再次发出，油枕油位又升至 85 ℃左右，且稳定在 85 ℃左右。同时，变压器本体呼吸器油杯偶尔出现剧烈的异常呼吸。该主变型号为 OSFSZ10-180000/220，由烟台东源变压器有限公司于 2010 年 1 月生产。主变油枕为沈阳蓝天公司于 2010 年 1 月生产制造的外油式波纹油枕（全密封式储油柜）。

通过对波纹管解体发现，波纹管上的大部分导轮已严重磨损成半圆体状，不具备滚动功能，同时波纹管内腔存有少量变压器油，如图 7.2 所示。

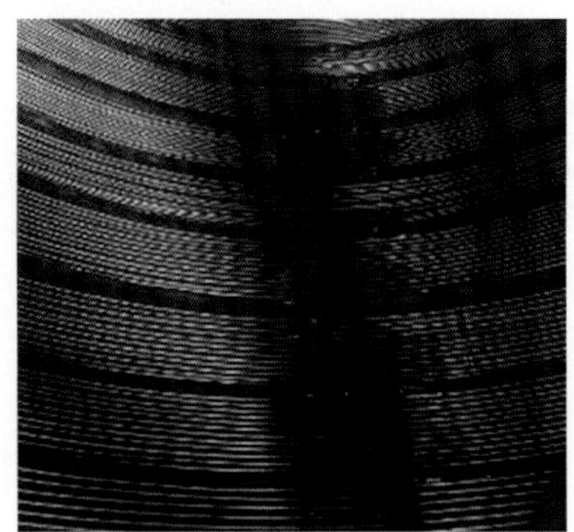

图 7.2　导轮已严重磨损/储油柜柜体内壁磨损痕迹

原因分析：波纹管内部为空气，长期受到油中向上的浮力，在伸缩过程中上部导轮磨损严重，且储油柜柜体内壁也出现槽痕，波纹管会在某一处发生"卡死"，从而导致无法正常工作，造成油位异常。这说明外油式储油柜运动性能较为恶劣，卡滞变形的风险较大，运行过程中容易引发油位异常缺陷。

2. 检修策略

（1）对于在运的外油卧式波纹管储油柜应制订检修计划，结合停电进行更换。

（2）怀疑出现储油柜波纹管卡涩时，可以通过拍打波纹管、向波纹管充气等方式促使波纹管移动，同时注意油位的变化。

3. 运维策略

（1）在设联会阶段明确不得采用外油卧式波纹管储油柜。500 kV 及以上变压器优先选用传统胶囊式储油柜。220 kV 及以下变压器可选择金属波纹储油柜，但优先选用内油式金属波纹储油柜。

（2）投运初期应注意观察储油柜油位指示是否随油温变化而变化。在迎峰度夏和迎峰度冬等温度变化较大的时期应缩短巡视周期，重点关注油温、油位、呼吸情况。夏季高温大负荷期间或冬季停运期间应注意储油柜油位指示，以防止出现满油或缺油问题。

（3）对于外油式储油柜，必须确保运行过程中呼吸口处于常开状态。另外，金属波纹芯体内腔为变压器油的散热面，正常运行过程中无凝露现象，可以不用吸湿器，但怀疑波纹芯体有渗漏时，应采取临时措施，如在呼吸口加装吸湿器。